高等职业教育数字艺术设计
新形态一体化教材

Cinema 4D 2023
中文版案例教程

Cinema 4D 2023 Zhongwenban

Anli Jiaocheng

李　涛　组　编

张晓蕾　杨春蕾　李　远　主　编

崔学勇　朱子正　胡国祥　王　强　副主编

中国教育出版传媒集团

高等教育出版社·北京

内容提要

本书为高等职业教育数字艺术设计新形态一体化教材。

本书详细介绍了Cinema 4D 2023中文版的基础知识以及各种建模、动画及特效制作技术。全书共9章，主要内容包括Cinema 4D概述、建模技术、灯光与HDR环境、材质与贴图、摄像机与渲染技术、运动图形及动画模块、粒子与动力学技术，以及两个综合设计案例。本书以新颖、完整的建模思路，对Cinema 4D中动画、动力学与特效部分的使用技术、技巧和步骤进行了详细讲解，并通过大量极具代表性的实战案例与练习，循序渐进地介绍了Cinema 4D在设计行业中的实战应用。

本书配有微课视频、授课用PPT、案例素材、习题答案等丰富的数字化学习资源。与本书配套的数字课程"Cinema 4D 2023中文版案例教程"在"智慧职教"平台（www.icve.com.cn）上线，学习者可登录平台在线学习，授课教师可调用本课程构建符合教学特色的SPOC课程，详见"智慧职教"服务指南。授课教师也可登录"高等教育出版社产品信息检索系统"（xuanshu.hep.com.cn）搜索并下载本书配套教学资源，首次使用本系统的用户，请先进行注册并完成教师资格认证。

本书可作为高等职业院校艺术设计类和计算机类专业相关课程的教材，也可作为相关培训机构的教学用书或CG设计人员、影视动画制作爱好者的自学用书。

图书在版编目（CIP）数据

Cinema 4D 2023中文版案例教程 / 李涛组编；张晓蕾，杨春蕾，李远主编. -- 北京：高等教育出版社，2024.7

ISBN 978-7-04-061963-8

Ⅰ.①C… Ⅱ.①李… ②张… ③杨… ④李… Ⅲ.① 三维动画软件-高等职业教育-教材 Ⅳ.①TP391.414

中国国家版本馆CIP数据核字（2024）第052651号

Cinema 4D 2023 Zhongwenban Anli Jiaocheng

策划编辑	刘子峰	责任编辑	吴鸣飞	封面设计	杨立新	版式设计	杜微言
责任校对	刘娟娟	责任印制	沈心怡				

出版发行	高等教育出版社		网　址	http://www.hep.edu.cn
社　址	北京市西城区德外大街4号			http://www.hep.com.cn
邮政编码	100120		网上订购	http://www.hepmall.com.cn
印　刷	人卫印务（北京）有限公司			http://www.hepmall.com
开　本	850mm×1168mm　1/16			http://www.hepmall.cn
印　张	16.25			
字　数	410千字		版　次	2024 年 7 月第 1 版
购书热线	010-58581118		印　次	2024 年 7 月第 1 次印刷
咨询电话	400-810-0598		定　价	59.80元

"智慧职教"服务指南

"智慧职教"（www.icve.com.cn）是由高等教育出版社建设和运营的职业教育数字教学资源共建共享平台和在线课程教学服务平台，与教材配套课程相关的部分包括资源库平台、职教云平台和App等。用户通过平台注册，登录即可使用该平台。

● 资源库平台：为学习者提供本教材配套课程及资源的浏览服务。

登录"智慧职教"平台，在首页搜索框中搜索"Cinema 4D 2023中文版案例教程"，找到对应作者主持的课程，加入课程参加学习，即可浏览课程资源。

● 职教云平台：帮助任课教师对本教材配套课程进行引用、修改，再发布为个性化课程（SPOC）。

1. 登录职教云平台，在首页单击"新增课程"按钮，根据提示设置要构建的个性化课程的基本信息。

2. 进入课程编辑页面设置教学班级后，在"教学管理"的"教学设计"中"导入"教材配套课程，可根据教学需要进行修改，再发布为个性化课程。

●App：帮助任课教师和学生基于新构建的个性化课程开展线上线下混合式、智能化教与学。

1. 在应用市场搜索"智慧职教icve"App，下载安装。

2. 登录App，任课教师指导学生加入个性化课程，并利用App提供的各类功能，开展课前、课中、课后的教学互动，构建智慧课堂。

"智慧职教"使用帮助及常见问题解答请访问help.icve.com.cn。

系列教材序言——奔赴未来

一件好的作品，技术决定下限，审美决定上限。技能的训练如铁杵磨针，日久方见功力；美感的培养则需要博观约取，厚积才能薄发。优秀的作品哪怕表面上只有寥寥几笔，背后却蕴藏着创作者的眼界、见地和训练的积累。而正是艺术和技术的结合，让人脱颖而出。

身处数字时代，职业技能的学习掌握是生存的基本条件之一。图像表达既需要艺术的体验，也需要技术的习得。技能起到的支撑作用，可以让创意得以实现，是谓从心所欲而不逾矩。如何打造一套数字艺术设计新形态一体化系列教材，让学习者达到艺技双得、心手双畅的程度，是这套教材的构思初心。

如何围绕典型工作任务进行分析，将工作领域转换为学习领域，从而构建科学实用的理实一体化教学过程，继而设计出具有科学性、职业性的学习情境，既是培养学生工作能力的前提，也是职业教育改革关注的难点。

我们从行业、产业以及头部企业对专业人才的需求入手，对相应岗位群所需进行调研分析，经过历次研讨，明确了技能与专业的职业领域，分析了对应工作岗位的工作任务。按照学生认知规律，将具有教学价值的典型工作任务设计为教学技能包，通过专业课程体系、工作情境再现等方式，完成了从工作任务到技能提取再到教学实践的三重转换。

在这一过程中，我们避免软件说明或案例罗列式的旧形态，在技能梳理上秉承"少即多，多则惑"的理念，力求更加简洁、准确，将传授"方法"和获取"技能"作为本套教材的核心，最终"磨"出了这套教材。希望教材的最终呈现能够符合构思它的初衷。

这是个充满机会的世界，作为数字艺术设计类学科的学生，用面向未来的技能武装自己，做一个丰沛热情的人、敢于实践的人，你将永远不会缺少舞台。愿大家摈弃浮躁，脚踏实地，带着开放的心，做一个新时代的水手，乘风破浪，奔赴未知的码头，构建全新的未来。

系列教材主编　李涛

于北京

前言

关于Cinema 4D

Cinema 4D（简称C4D）是由 Maxon Computer 公司推出的一款三维制作软件，以运算速率快和渲染插件强著称，包含建模、灯光、材质、渲染、角色、动画、粒子等模块，同时兼容各种主流的渲染器插件，功能全面且强大，能创造出电影级别的图形画面，其应用领域包括平面设计、电商设计、建筑设计、动画设计、游戏制作、企业宣传片制作、影视包装制作和电影特效制作等。

本书主要内容

本书从 Cinema 4D 2023 的基本操作入手，结合大量极具可操作性的典型案例，全面而深入地介绍了 Cinema 4D 的建模技术、灯光与 HDR 环境、材质与贴图、摄像机与渲染技术、运动图形及动画模块、粒子与动力学技术等方面的知识。另外，还详细讲解了使用 Cinema 4D 进行商业海报和动画等制作的方法与技巧，让读者学以致用。

全书共 9 章：第 1 章讲解 Cinema 4D 的工作界面，通过一个简单的案例介绍了该软件的整个工作流程；第 2 章讲解 Cinema 4D 建模技术，包括参数化对象建模、样条曲线建模、生成器建模、曲面建模、变形器建模和多边形建模等；第 3 章讲解不同灯光类型及常用参数，并通过案例讲解使读者加深对灯光系统的认识；第 4 章讲解材质系统的构成、各种不同的材质，并通过案例讲解使读者加深对材质系统的认识；第 5 章讲解摄像机和渲染工具、常用的渲染设置及其效果，让读者对渲染输出设置具有充分的了解；第 6 章介绍运用 Cinema 4D 对一系列的物理对象进行布料与动力学模拟；第 7 章详细介绍粒子系统的特效功能，该系统可以帮助用户制作一些高级的影视特效；第 8 ～ 9 章的综合应用案例介绍使用 Cinema 4D 进行 Low-Poly（低多边形）风格设计、立体概念海报设计的方法。全书通过典型且丰富的实例演示，帮助读者理解并掌握与三维建模及动画制作相关的基础知识，并积累实际项目设计经验，以快速适应未来工作岗位的需要。

特色与创新

编者对本书的编写体系进行了精心的设计，按照"软件功能解析→课堂案例→课后练习＋拓展训练→综合练习"的思路进行编排，力求通过对软件功能的解析让读者深入了解软件功能；通过课堂案例让读者快速熟悉软件的使用技巧和创意思路；课后练习和拓展训练可提升读者的实际应用能力，并将所学知识应用到实际工作项目中。本书在内容编写方面，力求通俗易懂、细致全面；在文字叙述方面，言简意赅、重点突出；在案例选取方面，强调案例的针对性和实用性。

随着数字媒体技术的不断更新和设计内容的不断丰富，为了满足数字艺术设计应用型人才培养需求，推进党的二十大精神进教材、进课堂、进头脑，同时能够及时反映产业升级和行业发展动态，编者紧跟设计行业理念、技术发展，结合目前最新的数字艺术类课程教改成果，从以下几个方面突出教材创新理念：

（1）贯彻"教、学、做"一体化的编写，通过 20 余个精彩设计案例融入作者丰富的设计经验和教学心得，旨在帮助读者全方位了解行业规范、设计原则和表现手法，提高实战能力，以灵活应对不同的工作需求。整个学习流程联系紧密、环环相扣、一气呵成，让读者在轻松的学习过程中享受成功的乐趣。

（2）在各章学习要求的基础上，深入挖掘三维动画设计师应具备的核心能力与素养，在章首页通过二维码的形式进行教学指引，重点培养学生的动画创作鉴赏与表达能力、艺术创新的审美意识和道德修养等基本职业素养，落实新时代德才兼备的高素质艺术设计类人才培养要求。

(3) 在教学过程中有机融入德育元素，如第 5 章中的"欢度春节"节日场景景深与渲染输出设置、第 7 章中的利用布料标签制作旗帜飘扬的动画效果等，在提升动画制作技术技能的同时，充分发挥经典案例的精神熏陶、文化传播及价值引领作用，以增强读者的文化自信与美学修养，并激发其文化创新创造活力，从而贯彻立德树人根本任务。

(4) 在附录部分补充了与平面设计相关的 1+X 职业技能等级标准及证书的简要介绍，突出书证融通特色，也方便教师按照章节结构灵活安排课时，强化职业技能培养在当代文化文艺人才队伍建设中的关键作用，并体现技术技能人才的自主培养特色。

配套教学资源

本书提供了立体化教学资源，包括高质量微课视频、授课用 PPT、案例素材、习题答案等。微课视频以二维码形式在书中相应位置出现，随扫随学，以强化学习效果。通过众多的配套资源，希望能为广大师生在"教"与"学"之间铺垫出一条更加平坦的道路，力求使每一位读者通过本书的学习均可达到一定的职业技能水平，同时推动现代信息技术与教育教学的深度融合，落实国家文化数字化战略要求。

本书由李涛组编，张晓蕾、杨春蕾、李远担任主编，崔学勇、朱子正、胡国祥、王强担任副主编。

由于编者水平有限，疏漏之处在所难免，恳请广大读者批评指正。

编　者
2024 年 4 月

Chapter 1 进入 Cinema 4D 的世界

Chapter 2 Cinema 4D 建模技术

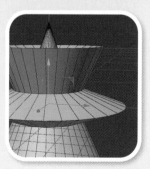

Chapter 4 材质与贴图

Chapter 5 摄像机与渲染技术

Chapter **6** 运动图形及动画模块

Chapter

7 粒子与动力学技术

Chapter 8 创建 Low-Poly 风格的浮岛场景设计

Chapter 9 音乐节立体概念海报设计

进入Cinema 4D的世界

　　Cinema 4D是一款三维制作软件，以其高运算速率和强大的渲染器著称，广泛应用于广告、电影和工业设计等领域。与其他3D软件类似，Cinema 4D同样具备高端3D动画软件的所有功能，且更易上手，很多功能实现起来更加简单，以其丰富的工具包为用户带来比其他3D软件更多的帮助和更高的效率，因此被越来越多的三维设计师和平面设计师所使用。

学习要求	知识点	学习目标			
		了解	掌握	应用	重点知识
	Cinema 4D功能概述	⚑			
	Cinema 4D的技术优势	⚑			
	Cinema 4D的行业应用	⚑			
	Cinema 4D的工作界面		⚑		⚑
	Cinema 4D的工作流程			⚑	

能力与素养
目标

1.1 Cinema 4D简介

Cinema 4D 是由 Maxon Computer 公司推出的一款三维制作软件，其具备了一个中高级别的三维软件所应有的功能，也因此跻身于当今的四大三维软件行列，与 Maya、XSI、3ds Max 这些传统的主流三维软件相抗衡。目前最新版本的 Cinema 4D 2023 除了包含完整的建模工具、灯光系统、材质系统、动力学系统、动画系统、运动图形、变形器模块、效果器，以及角色动画系统、雕刻系统、毛发系统和贴图绘制系统之外，还加入了包含 GPU 渲染器 Prorender、生产级实时视窗着色、超强破碎、场景重建等新功能，并且对各个系统都进行了升级。

1.1.1 Cinema 4D功能概述 ▽

Cinema 4D 以其简单且容易上手的操作流程、方便的文件编制功能、强大的渲染功能，以及与后期软件的无缝结合，使得设计人员能专心致志地进行设计工作，从而真正体会设计行业的魅力。Cinema 4D 可以简单便捷地对复杂元素进行编辑和整理。

Cinema 4D 是一款能创建强大画面效果且又实用的工具，它为创建复杂的 3D 图像提供了快捷、可靠的解决方案，可实现文件交换、创建模型、文件渲染、材质应用、动画制作、预制库、可扩展性等功能，已成为设计人员工作中的必备工具之一。

1. 文件转换优势

Cinema 4D 可以直接使用从其他三维软件导入的项目文件，不用担心会出现模型缺失、文件损失等问题，支持 FBX、OBJ 等多种常用的三维文件格式。

2. 强大的三维系统

Cinema 4D 包含建模、灯光、UV 编辑、三维绘画、运动跟踪、雕刻、力学、动画、毛发和GPU 渲染等多种模块，用户可以根据需要随时调用，在同一个软件内即可实现自己的创意想法，避免了安装大量的插件或与其他软件配合的麻烦。

3. 强大的毛发系统

Cinema 4D 自带的毛发系统功能十分强大并且易于控制，可以快速地造型，渲染出各种所需的效果。用其制作的毛发的形态十分真实，颜色能得到精确地控制，而且可以和物体产生碰撞，如图 1-1 所示。

4. 高级渲染模块

Cinema 4D 自带的渲染器拥有很快的渲染速率，可以在短时间内创造出兼具质感和真实感的作品。其材质也简单易用，无论金属的质感、玻璃的质感，还是塑料的质感，都表现得真实到位，如图 1-2 所示。

5. BodyPaint 3D 模块

Cinema 4D 提供了 BodyPaint 3D 模块，除了可以直接绘制草图外，还可以在产品外观上直接彩绘，提供多种笔触，支持压感和图层功能，轻松实现从 2D 操作模式转变为 3D 效果。BodyPaint 3D 是业界非常受欢迎的三维贴图绘制工具，类似于三维版本的 Photoshop。

6. MoGraph 系统

MoGraph 系统又称运动图形系统，它能提供给用户一个全新的维度和方法，将类似矩阵式的

图1-1

图1-2

制图模式变得极为简单有效而且易于操作，对于单一的物体经过排列组合，同时配合各种效果器，单调的图形也会呈现出不可思议的效果。小球可以附着在样条上并且互相分离、大小不一，如图1-3所示。

7．Cinema 4D 的预置库

Cinema 4D 拥有丰富而强大的预置库，可以轻松地从预置库中找到所需的模型、贴图、材质、照明和环境，甚至是摄像机镜头等，极大地提高了工作效率，如图1-4所示。

图1-3

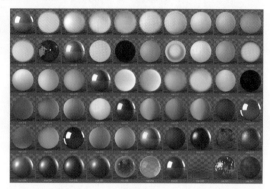
图1-4

8．Cinema 4D 的扩展性

Cinema 4D 不仅支持常规的 FBX、3DS 等三维格式，也能与矢量绘图软件 Illustrator、特效软件 Houdini 和后期合成软件 After Effects 等相配合。Cinema 4D 还有一些功能强大的插件，如粒子插件 X-Particles 和流体模拟软件 Realflow 等。

1.1.2 Cinema 4D的行业应用 ⊙

Cinema 4D具有强大的功能和扩展性，且操作较为简单，是视频设计领域的主流软件之一。随着软件功能的不断升级，Cinema 4D已广泛应用于影视特效制作、电视栏目包装和片头设计、建筑设计、工业设计和游戏设计等多个行业。

1．影视特效制作

Cinema 4D预览化的快速工作流程，完全集成的跟踪流程和数字遮罩工具为影视特效制作提供

了非常华丽的视觉效果。运用Cinema 4D与Body Paint 3D软件制作的电影曾荣获相关最佳视觉效果奖。

2. 电视栏目包装和片头设计

在电视栏目包装和片头设计流程中，Cinema 4D 可以为制作动态图像提供重要解决方案，实现以较低的成本达到较高效益的目的。如今国内动态广告视频、栏目包装和常见的电商三维产品视频宣传片等开始使用 Cinema 4D 制作片头效果，如图1-5 所示。

3. 建筑设计

Cinema 4D具有专业的三维绘图功能，其针对建筑设计和室内设计所推出的Cinema 4D Architecture Bundle迎合了用户的需求，提供了专用的材质库和家具库。其完整的功能搭配和极具亲和力的操作界面无疑让用户使用起来更加得心应手。此外，无论是平面、动画还是虚拟的建筑场景，该软件都可以直接输出，如图1-6所示。

图1-5

图1-6

4. 电商设计和UI设计

在电商行业，由于绝大部分的国内外大品牌都入驻了电商平台，加上现在商家的品牌意识也很强，因此无论是大品牌还是中小品牌都会使用视觉营销、情感营销等方式为自己的品牌产品助力，使得三维设计因其独特的表现拥有了市场。Cinema 4D在电商设计中应用广泛，如电商专题活动页、产品详情页、产品主图、Banner等。很多电商店铺的设计采用三维场景及产品展示，真实感能带来更加震撼的视觉效果，如图1-7所示。在手机App产品中闪屏、引导页、弹窗等，也广泛应用3D类型的设计，如图1-8所示。

图1-7

图1-8

5. 工业设计

设计师可以通过使用 Cinema 4D 中强大的材质和灯光效果创作出多种多样的产品模型，且制作出来的产品效果精细程度和流畅感令人叹服。Cinema 4D 适用的产品类型众多，小到手机数码产品，大到汽车轮船，均可以使用 Cinema 4D 来制作产品的效果图，如图1-9所示。

6. 游戏设计

作为一款功能强大的三维建模和动画软件，Cinema 4D 提供了一个完整的工具集合，用于制作游戏中的角色、场景、道具等元素。此外，Cinema 4D 支持游戏开发引擎，如Unity引擎、虚幻引擎Unreal Engine，开发者可以将Cinema 4D中制作的内容直接导入游戏引擎进行开发与优化。除了角色和场景的制作，Cinema 4D 还用于制作游戏中的动画效果、特殊效果和界面设计等，其图形界面易于学习和使用，能够帮助开发者更高效地创造精彩丰富的游戏内容，如图1-10所示。

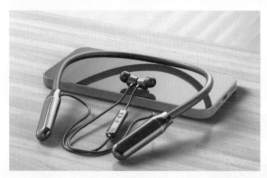
图1-9

图1-10

1.2 Cinema 4D的工作界面

安装并运行Cinema 4D 2023后，显示Cinema 4D的初始界面，其由标题栏、菜单栏、工具栏、编辑模式工具栏、视图窗口、动画编辑窗口、对象／场次面板、属性面板和提示栏等区域组成，如图 1-11 所示。

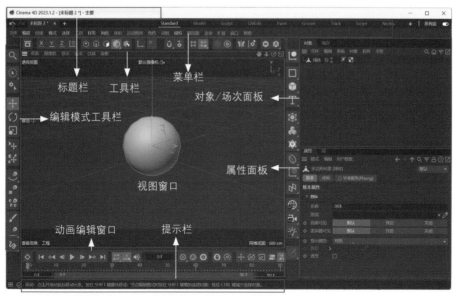
图1-11

1.2.1 标题栏 ⊙

Cinema 4D的标题栏位于界面上方，包含软件版本的名称和当前编辑的文件信息，如图1-12所示。按快捷键Ctrl+S保存工程文件，会打开"保存文件"对话框，可将保存路径设置为桌面，将文件名修改为"工程1"，单击"保存"按钮，即可保存当前工程文件。

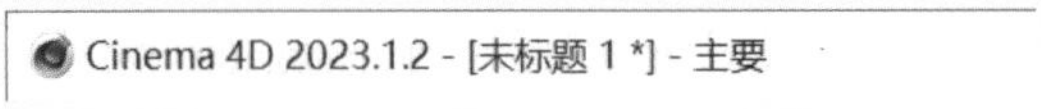

🔵 Cinema 4D 2023.1.2 - [未标题 1 *] - 主要

图1-12

1.2.2 菜单栏 ⊙

Cinema 4D的菜单栏与其他软件相比略有不同，按照类型可以分为主菜单和窗口菜单。其中主菜单位于标题栏下方，绝大部分工具都可以在其中找到，如主菜单中的"文件""编辑""创建"菜单用于对文件和模型进行相关设置；窗口菜单是视图菜单和各区域窗口菜单的统称，分别用于管理各自所属的窗口和区域，如图1-13所示。

图1-13

1.2.3 工具栏 ⊙

Cinema 4D的工具栏位于菜单栏的下方，其中包含部分常用工具，使用这些工具可以对模型对象进行移动、旋转、缩放等基本操作，也可创建基础模型对象、基础样条对象。使用造型工具和变形器对模型进行进一步的编辑操作，还能创建天空、环境、灯光、摄像机等对象，以及进行最后的渲染输出，如图1-14所示。

图1-14

⬤ 技巧 提示

工具栏中的工具可分为独立工具和图标工具组。图标工具组按类型将功能相似的工具集合在一个图标下，长按图标按钮即可显示工具组。图标工具组的显著特征为其右下角带有小三角按钮，如图1-15所示。

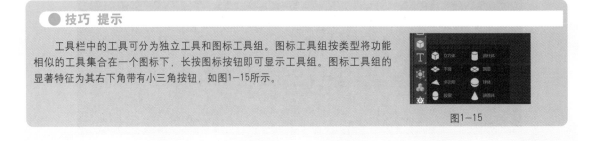

图1-15

1. 选择工具

物体操作主要通过工具栏中的选择工具进行，长按图标按钮即可显示工具组，如图1-16所示。其中"笔刷选择"按钮█表示在视图中可以单一或多个选择包括点、边及多边形的对象。"框选"按钮█是一种多个对象的选择方式，框选在视图中绘制出一个矩形框，矩形框内的多个对象可被选中。"套索选择"按钮█可以通过使用套索选取对象，在视图中绘制路径套取选择对象。"多边形选择"按钮█通过在视图中绘制多边形轮廓来选取多个对象。

图1-16

2. 移动工具

激活该工具后，视图中被选中的模型上将会出现三维坐标轴，其中红色代表X轴、绿色代表Y轴，蓝色代表Z轴，如图1-17所示。如果在视图的空白处单击鼠标左键并拖曳，可以将模型移动到三维空间的任意位置。

3. 缩放工具

激活该工具后，单击鼠标左键并拖曳任意轴向上的小黄点可以使模型沿着该轴缩放；在视图空白区域单击鼠标左键并拖曳，可对模型进行等比缩放，如图1-18所示。

4. 旋转工具

旋转工具用于控制模型的选择。激活该工具后，会在模型上出现一个球形的旋转控制器，选择控制器上的3个圆环分别控制模型的X、Y、Z轴（在对物体进行旋转时，如果同时按住Shift键，则可以每次以5°进行旋转），如图1-19所示。

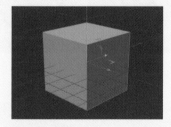
图1-17

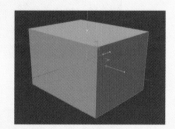
图1-18

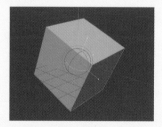
图1-19

5. 坐标类工具

坐标类工具█为锁定/解锁X、Y、Z轴的工具，默认为激活状态。如果单击关闭某个轴向的按钮，那么对该轴向的操作无效（只针对在视图窗口的空白区域进行拖曳）。

Cinema 4D提供了两种坐标系统：一种是"对象"坐标系统█，另一种是"全局"坐标系统█，如图1-20所示。"对象"坐标系统按照对象自身的坐标轴进行显示，"全局"坐标系统无论对象旋转任何角度，坐标轴都会与视图左下角的世界坐标保持一致，单击图标可对"全局"坐标系统和"对象"坐标系统进行切换。

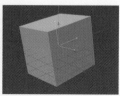

(a)"对象"坐标系统　　(b)"全局"坐标系统

图1-20

6. 渲染类工具

渲染当前活动视图工具 ■ (快捷键为 Ctrl+R) , 单击该按钮将对场景进行整体预览渲染, 当多视图显示时, 可以一边操作一边查看渲染效果; 渲染活动场景到图片查看器工具 ■ (快捷键为Shift+R) , 会将渲染的效果在"图片查看器"中显示, 如图1-21所示。编辑渲染设置工具 ■ (快捷键为Ctrl+B) , 用于打开渲染设置窗口进行渲染参数设置。

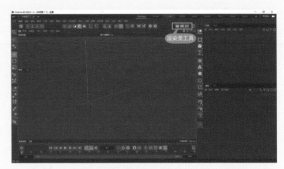

图1-21

1.2.4 视图窗口

视图窗口是Cinema 4D界面的主要编辑区域, 由上方的视图菜单栏和下方的视图三维空间窗口组成, 在默认情况下显示透视视图, 并且基本上会显示所有的操作, 从而得到反馈和进一步的操作, 是整个Cinema 4D界面中最大的一个窗口, 如图1-22所示。单击鼠标中键会从默认的透视图切换为四视图, 四视图包含透视视图、顶视图、右视图、正视图, 用于对模型对象进行编辑操作时, 分别从前后、左右、上下的角度进行调整操作, 在相应的视图中单击鼠标中键即可进入该视图。例如, 在顶视图中单击鼠标中键, 则整个视图窗口就会变成顶视图, 如图1-23所示。

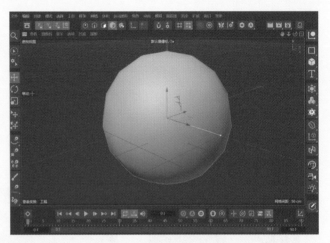

图1-22

基本视图操作方法如下:

平移视图: 按住Alt键, 使用鼠标中键上下、左右拖曳, 即可进行视图的平移。

推拉视图: 按住Alt键, 使用鼠标右键左右拖曳, 即可进行视图的推拉前移。

旋转视图: 按住Alt键, 使用鼠标左键左右拖曳, 即可进行视图的旋转。

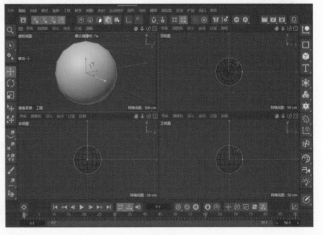

图1-23

1.2.5　动画编辑窗口

　　Cinema 4D的动画编辑窗口位于视图窗口下方，包含时间轴和动画编辑工具，具有显示关键帧、时间长度，以及播放、前进、后退、记录关键帧等功能，是制作三维动态动画常用的基础工具之一，如图1-24所示。

图1-24

1.3　Cinema 4D的工作流程

　　Cinema 4D作为一款综合性的三维制作软件，包含了有关三维制作的各个环节：模型、材质、灯光、特效、动画、渲染等，而基本上所有的三维制作都需要经历这些环节。本节通过一个简单案例讲解 Cinema 4D 的工作流程，包括模型创建、模型的修改与组合、灯光与 HDR 预设的使用、材质调节与渲染输出等。

1.3.1　模型创建

　　建模是所有三维制作的第一个环节。在三维场景中，需要表现的内容都要依靠模型来体现，因此模型的精确与否会直接影响到最终的表现效果。获取模型的方法有很多，既可以通过 Cinema 4D 所提供的建模工具来创建模型，也可以直接导入外部所收集的模型素材。

微课：模型创建

01 卡通章鱼模型的头部制作。单击工具栏中的"立方体"按钮，在弹出的面板中单击"球体"按钮，在场景中创建一个"球体"，然后在"球体对象"面板的"对象"选项卡中设置球体"半径"为 100cm、"分段"为 32cm、"类型"为六面体，参数设置及效果如图 1-25 所示。

02 创建一个"圆锥体"作为章鱼模型的嘴巴，设置其"顶部半径"为 0，"底部半径"为 15cm，"高度"为 35cm，"高度分段"为 1，"旋转分段"为 20，参数设置及效果如图 1-26 所示。

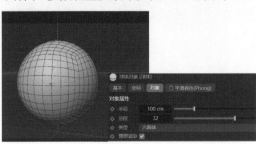

图1-25

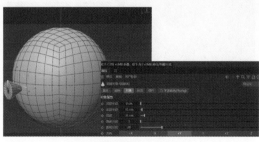

图1-26

03 继续创建一个"圆环面"作为章鱼模型的嘴唇，选择"面板"→"全部视图"命令，如图 1-27 所示，透视视图转变为 4 个视图显示。在该四视图中，利用旋转和移动工具将"圆环面"放置在嘴巴外侧，如图 1-28 所示。

图1-27

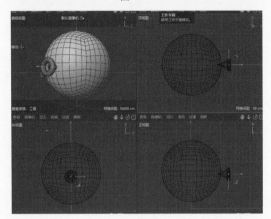

图1-28

04 创建一个"球体.1"作为章鱼模型的眼睛，移动至"球体"的合适位置，参数设置及效果如图 1-29 所示。

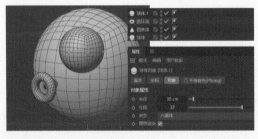

图1-29

05 选中"球体.1"，单击工具栏中的"转为可编辑对象"按钮，将"球体.1"转为可编辑对象，参数设置及效果如图 1-30 所示。

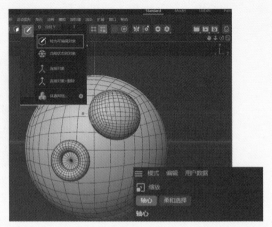

图1-30

06 选择"创建"→"生成器"→"对称"命令，为"球体.1"添加"对称"生成器对象，拖动"球体.1"使其成为"对称"生成器的子级，参数设置及效果如图 1-31 所示。

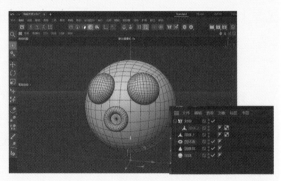

图1-31

07 单击工具箱中的"缩放"按钮，选择上述"对称"对象，利用缩放工具将"对称"对象挤压成椭圆状，效果如图 1-32 所示。

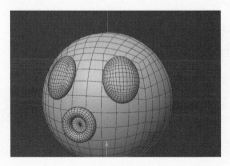

图1-32

08 选择并复制上述挤压成椭圆状的"对称"对象，使用缩放工具放大"对称"对象，将复制体置于本体的下方，效果如图1-33所示。

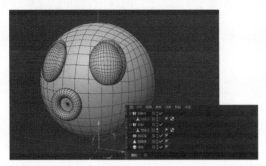

图1-33

09 复制上述环节中对称对象所包含的任意一个球体，单击工具箱中的"旋转"按钮 🔄 ，调整球体方向及位置，效果如图1-34所示。

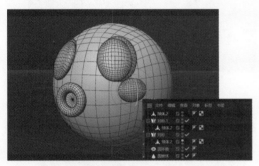

图1-34

10 选择"创建"→"生成器"→"对称"命令，为步骤09中制作的球体添加"对称"对象，如图1-35所示。

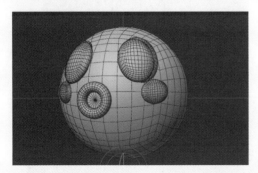

图1-35

11 创建一个"球体"，在四视图中调整位置及方向，如图1-36所示。将"球体 .1"对象转为可编辑对象，如图1-37所示。

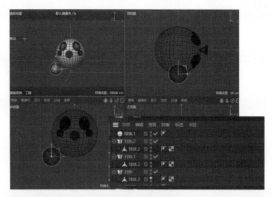

图1-36

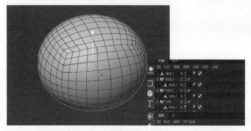

图1-37

12 选择"创建"→"生成器"→"克隆"命令，为"球体 .1"添加"克隆"生成器对象，拖动"球体 .1"使其成为"克隆"生成器的子级，调整数量和半径参数，将"克隆"对象作为章鱼腿，效果如图1-38所示。

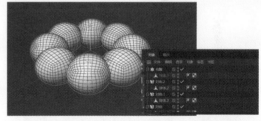

图1-38

13 在四视图中调整章鱼腿的位置，调整模型整体大小及方向，完成章鱼的模型制作，效果如图1-39所示。

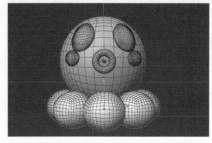

图1-39

11

1.3.2　模型的修改与组合 ▽

01 下面进行海底装饰素材部分的制作。创建一个圆柱体，设置"半径"为50cm，"高度"为200cm，"高度分段"为1，"旋转分段"为20，如图 1-40 所示。

微课：模型的修改与组合

图1-40

02 将"圆柱体"转化为可编辑对象，在面模式下，框选圆柱体的顶面，如图 1-41 所示。

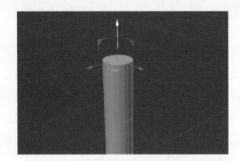
图1-41

03 单击鼠标左键并按住 Ctrl 键对圆柱顶面进行移动，重复 3~4 次后效果如图 1-42 所示。

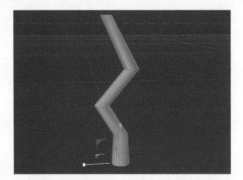
图1-42

04 在边模式下，利用"多边形画笔"工具在圆柱体上绘制多边形，效果如图 1-43 所示。

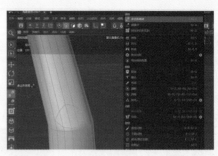
图1-43

05 在面模式下选择多边形面，如图 1-44 所示。

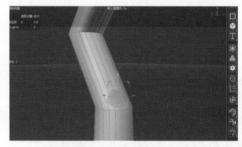
图1-44

06 单击鼠标左键并按住 Ctrl 键对多边形面进行移动，效果如图 1-45 所示。

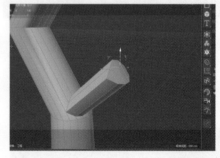
图1-45

07 重复上述步骤 04-06，效果如图 1-46 所示。

图1-46

08 选择 "创建" → "生成器" → "细分曲面" 命令，为 "圆柱体" 添加 "细分曲面" 生成器对象，拖动 "圆柱体" 使其成为 "细分曲面" 生成器的子级，丛生状珊瑚模型效果如图1-47所示。

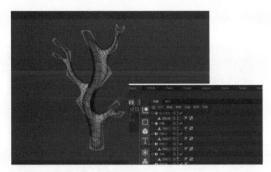

图1-47

09 继续在当前透视视图中制作管状珊瑚模型。单击工具栏中的 "管道" 按钮，创建一个管道，参数设置与效果如图1-48所示。

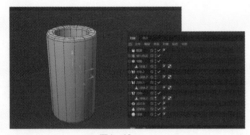

图1-48

10 将 "管道" 转化为可编辑对象，在点模式下框选底部的点，利用缩放工具缩小底部的点，效果如图1-49所示。

图1-49

11 为 "管道" 添加 "细分曲面" 对象，选择 "创建" → "变形器" → "弯曲" 命令，为 "管道" 添加 "弯曲" 变形器对象，拖动 "弯曲" 使其作为 "管道" 的子层级，效果如图1-50所示。

图1-50

12 复制所创建的细分曲面对象，调整其大小及方向，管状珊瑚模型效果如图1-51所示。

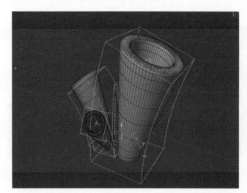

图1-51

13 继续在当前透视视图中制作海星模型。选择 "创建" → "样条" → "星形" 命令，创建一个 "星形" 样条，将 "星形" 样条转化为可编辑对象，并在点模式下调整边长，如图1-52所示。

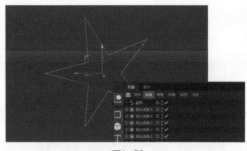

图1-52

14 选择 "创建" → "生成器" → "挤压" 命令，为 "星形" 添加 "挤压" 生成器对象，拖动 "星形" 使其作为 "挤压" 的子层级，效果如图1-53所示。

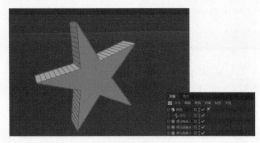

图1-53

15 继续为星形添加"细分曲面"对象，拖动上述"挤压"使其作为"细分曲面"的子层级，海星模型效果如图1-54所示。

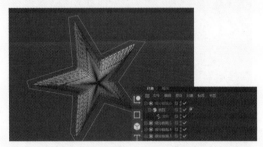

图1-54

16 将上述所有模型组合在一起，完成场景模型的搭建。最后选择"创建"→"网格"→"平面"命令，创建一个"平面"对象，将平面置于组合好的模型场景下方，场景模型效果如图1-55所示。

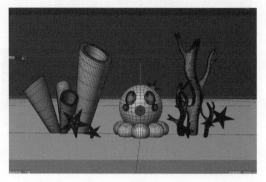

图1-55

1.3.3 灯光与HDR预设的使用

01 灯光具有照亮物体、环境及渲染场景氛围的作用。在布光前通常将场景颜色设置为灰白色以便观察光影效果。在菜单栏中选择"模式"→"工程"命令(快捷键为 Ctrl+D)，然后设置"默认对象颜色"为 80% 灰色，参数设置如图1-56所示。

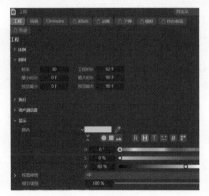

图1-56

02 在菜单栏中选择"创建"→"虚拟设置"→"灯光"→"区域光"命令，继续创建一个区域灯光并设置相关参数，效果如图 1-57 所示。

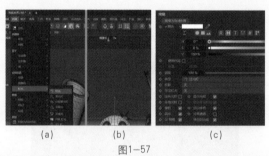

(a)　　　　(b)　　　　(c)

图1-57

03 选中上述创建的灯光和区域光对象，沿 Y 轴向上移动至合适的位置，并在菜单栏中选择"创建"→"场景"→"天空"命令，创建"天空"对象，如图 1-58 所示。

微课：灯光与HDR预设的使用

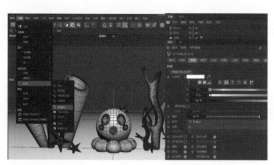

图1-58

04 选中上述创建的灯光和区域光对象，沿Y轴向上移动至合适的位置，并在菜单栏中选择"创建"→"场景"→"天空"命令，创建"天空"对象，如图1-59所示。

图1-59

05 单击"编辑渲染设置"按钮(快捷键为Ctrl+B)，在打开的"渲染设置"窗口中单击"效果"按钮，在弹出的菜单中选择"全局光照"命令，添加"全局光照"效果，调节"全局光照"的"常规"选项卡中的参数，继续调节"全局光照"的"辐照缓存"选项卡中的参数，如图1-60所示。

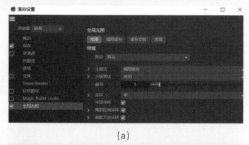

(a)

(b)

(c)

图1-60

06 单击"渲染到图像查看器"按钮，打开"图像查看器"窗口，得到如图1-61所示的渲染效果。

图1-61

07 继续制作场景的无缝背景，选择"创建"→"场景"→"背景"命令，在场景中加入"背景"对象，如图1-62所示。

图1-62

08 选择"平面"对象，单击鼠标右键，在弹出的快捷菜单中选择"渲染标签"→"合成"命令，为平面添加合成标签，如图1-63所示。

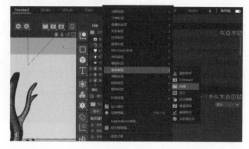

图1-63

1
2
3
4
5
6
7
8
9

09 选择"合成标签"命令，在"合成标签"面板的"标签"选项卡中选中"合成背景"复选框，执行操作后，平面与背景就会合成为一个整体，形成一个无缝背景。当前地面与背景是没有材质的，默认为灰白色。如果要设置其他颜色，只需要将背景与地面赋予同一个材质即可，选择"创建"→"材质"→"+新的默认材质"命令，创建新的默认材质，双击材质球，在打开"材质"面板中调节颜色参数，将材质球拖至"对象"栏目中的"背景"对象与"平面"对象后方，如图1-64所示。

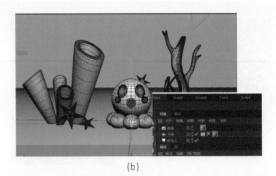
(b)
图1-64

10 对场景进行渲染，最终完成的图像效果如图1-65所示。

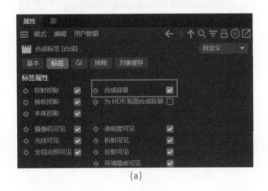
(a)

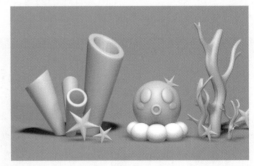
图1-65

1.3.4 材质调节与渲染输出

设置完灯光后，就可以调节材质了。在材质窗口中的空白处，双击鼠标左键即可新建材质球。

01 制作章鱼头部材质，选择头部内容，选择"创建"→"材质"→"+新的默认材质"命令，创建新的默认材质，双击材质球，打开"材质"面板，具体参数设置如图1-66所示，渲染效果如图1-67所示。

图1-67

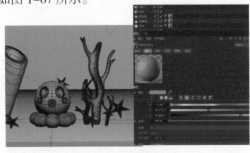
图1-66

02 对其他颜色材质进行调节，即对其他颜色材质的参数进行设置，效果如图1-68所示。在调节材质时，只更改了不同的颜色，其他参数完全一致，读者可根据自己的喜好进行调节。

微课：材质调节与渲染输出

16

图1-68

03 成品渲染输出设置，单击"编辑渲染设置"按钮，在打开的"渲染设置"窗口的"输出"选项中设置图片的大小为1280像素×720像素，如图1-69所示。

图1-69

04 在"渲染设置"窗口左侧选择"保存"选项卡，在右侧设置保存的路径与格式，如图1-70所示。

图1-70

05 在"渲染设置"窗口左侧选择"抗锯齿"选项卡，在右侧设置"最小级别"与"最大级别"分别为1×1和4×4，如图1-71所示。

图1-71

06 对场景进行渲染，渲染效果如图1-72所示。

图1-72

1.4　知识与技能梳理

　　Cinema 4D的界面简洁整齐，每个命令图标都使用生动形象的图案加以展示，再配合不同颜色的色块表明命令的类型，即便是初学者，也能很快记住该命令，图形化的思维模式有利于读者更好地学习新知识。

　　◎ 重要概念：多段线、多线、图案填充。

　　◎ 核心技术：使用简单的绘图命令，Cinema 4D的应用领域。

　　◎ 实际运用：Cinema 4D的工作流程、模型的创建、灯光的使用、材质调节与渲染输出等。

1.5   课后练习

一、选择题（共2题），请扫描二维码进入即测即评。

1.5   课后练习

1．Cinema 4D的出品公司是（   ）。

A. Adobe

B. Autodesk

C. Maxon Computer

D. 以上选项都不对

2．旋转视图的快捷键是（   ）。

A. Ctrl+鼠标左键

B. Ctrl+鼠标中键

C. Alt+鼠标左键

D. Alt+鼠标中键

二、简答题

1．简要说明Cinema 4D常用于哪些行业。

2．简要说明Cinema 4D的工作流程。

Chapter 2

Cinema 4D建模技术

建模是三维设计工作中最基础和最重要的环节之一，对后续添加灯光、赋予材质、渲染工作产生较大的影响。Cinema 4D建模是指在场景中创建二维或三维模型。Cinema 4D具有多种建模方式，包括对象建模、生成器建模、曲面建模、变形器建模及多边形建模等。

	知识点	学习目标			
		了解	掌握	应用	重点知识
学习要求	参数化对象建模		⚑		
	样条曲线建模		⚑		
	生成器建模		⚑		
	曲面建模		⚑		
	变形器建模		⚑		
	多边形建模		⚑		

能力与素养
目标

2.1 参数化对象建模

在Cinema 4D中，基本几何体是必不可少的元素，使用鼠标左键长按工具箱中"立方体"工具 ，会弹出参数对象的面板，如图2-1 所示。该面板中有一部分常用的基本几何体建模命令，如立方体、圆柱体、球体等，灵活组合使用这些基本模型，可以快速地制作出复杂的模型，提高工作效率。

图2-1

2.1.1 立方体 ▽

"立方体"工具  是参数化几何体中常用的几何体之一。直接使用立方体可以创建出很多模型，同时还可以将立方体用作多边形建模的基础物体。立方体及其参数如图2-2所示。"立方体对象"面板的"对象"选项卡中各重点参数的具体含义如下。

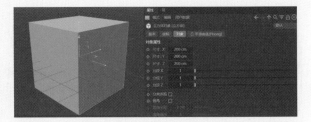

图2-2

◆尺寸.X：控制立方体在X轴的长度。

◆尺寸.Y：控制立方体在Y轴的长度。

◆尺寸.Z：控制立方体在Z轴的长度。

◆分段X／分段Y／分段Z：这3个参数用于设置沿着对象的每个轴的分段数量。

◆圆角：选中该复选框后，可直接对立方体进行倒角，并通过"圆角半径"和"圆角细分"来设置倒角大小和圆滑程度，如图2-3所示。

图2-3

> ● 技巧 提示
>
> 在参数后面的上下箭头上单击鼠标右键，可恢复为系统默认数值。

2.1.2 球体 ▽

在创建类似星球和一些曲面的模型时，需要用到"球体"命令，这也是Cinema 4D中使用频率较高的一个命令。在工具栏中单击"球体"按钮 ◯ ，即可创建一个球体对象，在软件操作界面右下方的"属性"窗口中可以看到球体对象的一些基本参数，如图2-4所示。"球体对象"面板的"对象"选项卡中各重点参数的具体含义如下。

◆**半径**：设置球体的半径，默认尺寸为100cm。

◆**分段**：设置球体的分段数，以控制球体的光滑程度，默认为16，分段数越多，球体越光滑，反之就越粗糙，如图2-5所示。

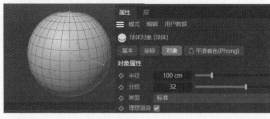 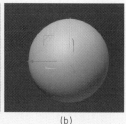

图2-4　　　　　　　　　　　图2-5

◆**类型**：球体包含6种类型，分别为"标准""四面体""六面体""八面体""二十面体""半球体"，效果如图2-6所示。

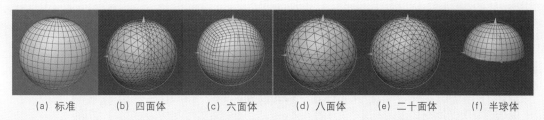

(a) 标准　　(b) 四面体　　(c) 六面体　　(d) 八面体　　(e) 二十面体　　(f) 半球体

图2-6

◆**理想渲染**：选中该复选框后可以启用"理想渲染"功能，该功能是Cinema 4D中很人性化的一项功能，无论视图场景中的模型显示效果如何，选中该复选框后渲染出来的效果都非常完美，并且可以节省内存。

2.1.3　圆环面

"圆环面"工具可用于制作一些装饰性的模型，有时也用于制作动画中的一些扩散效果。在工具栏中单击"圆环面"按钮，即可创建一个圆环对象，在软件操作界面右下方的"属性"窗口"圆环对象"面板中可以看到圆环对象的一些基本参数，如图2-7所示。

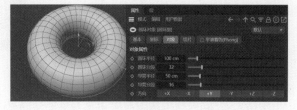

图2-7

1. "对象"选项卡中各重点参数

◆**圆环半径/圆环分段**：圆环由圆环和导管两条圆形曲线组成，"圆环半径"控制圆环曲线的半径，"导管半径"控制圆环的粗细，如图2-8所示；圆环分段控制圆环的分段数。

◆**导管半径/导管分段**：设置导管曲线的半径和分段数，如果"导管半径"为0cm，则在视图窗口中会显示导管曲线，如图2-9所示。

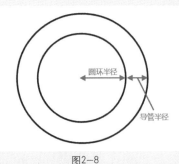

图2-8

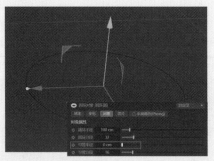

图2-9

2. "切片"选项卡中各重点参数

◆切片：选中该复选框后，可以对圆环模型进行切片，即根据用户输入的角度对圆环进行切割，如图2-10所示。

◆起点/终点：输入要分割圆环部分的起始角度与最终角度。

◆标准网格：选中该复选框后，分割后的圆环截面被规范化为标准的三角面，如图2-11所示，可以根据下方的"宽度"数值来改变三角面的密度。

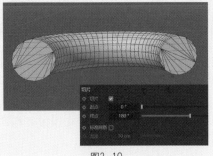

图2-10

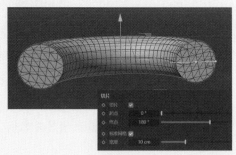

图2-11

2.1.4 圆柱体

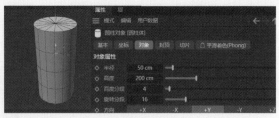

"圆柱体"工具，通常用于模拟柱形物体，选择"创建"→"网格"→"圆柱体"命令，即可创建一个圆柱体对象。圆柱体及其参数如图2-12所示。

图2-12

1. "对象"选项卡中各参数

◆半径：用于设置圆柱体的半径。

◆高度：用于设置圆柱体的高度。

◆高度分段/旋转分段：用于设置圆柱体在高度上和旋转维度上的分段数。

◆方向：用于设置圆柱在场景中的方向。

2. "封顶"选项卡中各参数（图2-13）

◆封顶/分段：选中"封顶"复选框后，即可对圆柱体进行封顶。通过"分段"参数可以调节封顶后顶面的分段数。

◆圆角：选中该复选框后，圆柱体的顶面和底面会产生圆角效果。

◆分段/半径：用于设置封顶后顶部和底部圆角的分段数、圆角的大小。

3．"切片"选项卡中各参数（图2-14）

◆切片：选中该复选框后，圆柱体将被整体切割。

◆起点/终点：切割圆柱体的起点和终点角度。

图2-13

图2-14

2.1.5 地形

　　"地形"工具可用于快速创建不同类型的地形模型，以呈现山峰、洼地和山丘等不同效果，在工具栏中单击"地形"按钮，即可创建一个地形对象，在软件操作界面右下方的"属性"窗口中可以看到地形对象的一些基本参数，如图2-15所示。"地形对象"面板"对象"选项卡中各参数的具体含义如下。

◆尺寸：通过右侧的3个文本框来设置地形对象在X轴、Y轴、Z轴方向上的长度。

◆宽度分段/深度分段：设置地形在宽度与深度上的分段数，值越大，网格越密集，模型也越精细。

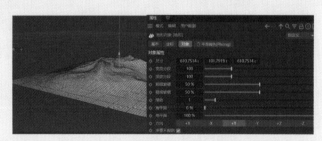

◆粗糙褶皱/精细褶皱：设置地形褶皱的粗糙和精细程度，值越大，褶皱越复杂。

◆缩放：设置地形褶皱的缩放大小，值越大，褶皱的数量越多，如图2-16所示。

图2-15

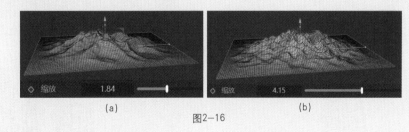

(a)　　　　　　　　(b)

图2-16

◆海平面：用于设置海平面的高度，值越大，海平面就越高，显示在海平面上的褶皱便越少，类似于孤岛效果。

23

◆地平面：设置地平面的高度，值越小，地平面越高，顶部也会越平坦。

◆多重不规则：该复选框默认为选中状态，在该状态下褶皱可以产生不同的形态；如果取消选中该复选框，褶皱效果将趋于相似。

◆随机：设置不同的数值将产生不同的褶皱形态，该数值本身并无特定含义。

◆限于海平面：默认为选中状态，如果取消选中该复选框，则会取消地平面的显示，仅显示褶皱效果，如图2-17所示。

◆球状：默认为非选中状态，如果选中该复选框，则可以形成一个球形的地形结构，如图2-18所示。

图2-17

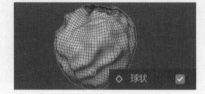

图2-18

2.1.6 课堂案例：立体建筑场景建模 ▽

本案例使用立方体、球体、地形、圆锥体、圆柱体、平面、金字塔创建卡通立体建筑场景，最终渲染效果如图2-19所示。

图2-19

01 单击 Cinema 4D 工具栏中的"立方体"按钮，在弹出的面板中单击"平面"按钮，创建一个平面作为场景地面。创建完成后，在"平面对象"面板的"对象"选项卡中设置"宽度"为25000cm，"高度"为25000cm，"宽度分段"为10，"高度分段"为10，如图2-20所示。

微课：立体
建筑场景
建模

图2-20

02 在场景中创建一个"立方体"作为场景基底，在"立方体对象"面板的"对象"选项卡中设置立方体参数，参数设置及效果如图2-21所示。

图2-21

03 继续创建两个立方体作为建筑的基底和主体,参数设置及效果如图2-22所示。

图2-22

04 创建一个金字塔和一个立方体作为建筑的房顶和烟囱,参数设置及效果如图2-23所示。

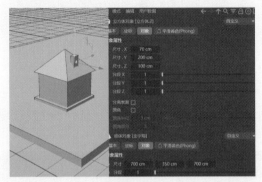

图2-23

05 在建筑后方创建一个山体,参数设置及效果如图2-24所示。

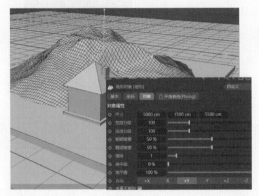

图2-24

06 继续创建2个立方体作为建筑的门和窗,创建4个立方体作为建筑汀步,单击左侧"旋转工具"按钮调整作为汀步石的立方体位置,效果如图2-25所示。

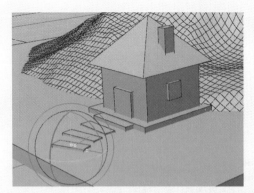

图2-25

07 创建一个圆柱体作为场景中的乔木树干,参数设置及效果如图2-26所示。

图2-26

08 分别创建球体、圆锥体作为场景中的乔木树冠,通过移动、复制、缩放工具,将图2-26中的树干分别与球体、圆锥体进行组合,参数及效果如图2-27 ~ 图2-29所示。

图2-27

图2-28

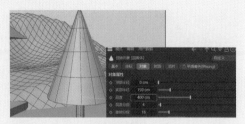

图2-29

09 将步骤08中制作的3种树型进行移动、复制、缩放等操作，使乔木分布在场景之中，效果如图2-30所示。

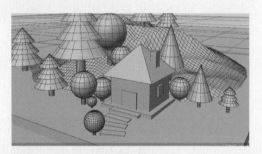

图2-30

10 创建一个球体作为场景装饰，让球体与步骤02中制作的场景基底重叠，并进行移动、复制、缩放工具操作，让多个球体分布在场景基底中。动画立体建筑场景模型最终创建效果如图2-31所示。

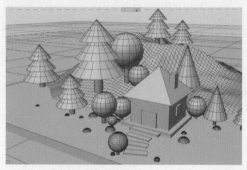

图2-31

2.2 样条曲线建模

样条曲线是指通过绘制的点生成曲线，然后通过这些点来控制曲线。样条曲线结合其他命令可以生成三维模型，是一种基本的建模方法。在Cinema 4D的工具栏中用鼠标左键长按"矩形"按钮▣，可以打开"样条曲线"菜单，其中集中了常用的样条曲线命令，如图2-32所示。此外，在菜单栏中选择"创建"→"样条"命令，也可以在展开的子菜单中选择相应的样条曲线命令进行创建。

图2-32

2.2.1 弧线 ▽

样条弧线工具▬用于创建弧形的曲线，在"样条曲线"菜单中选择该工具即可绘制弧线，弧线及其参数如图2-33所示，"圆弧对象"面板的"对象"选项卡中各重点参数的具体含义如下。

◆ **类型**：提供了4种弧线类型，分别为圆弧、扇区、分段、环状，如图2-34所示。

◆ **半径**：用于控制弧线的半径。

◆ **开始角度/结束角度**：用于控制弧线的起始位置和终点位置。

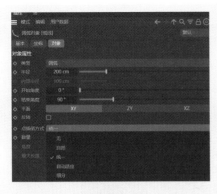

图2-33

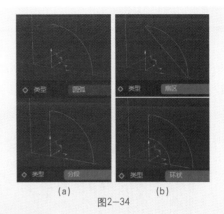

(a)　　　　(b)

图2-34

◆平面：以任意两个轴形成的面，为弧线放置的平面。

◆反转：反转弧线的起始方向。

◆点插值方式：用于设置样条的插值计算方式，包括"无""自然""统一""自动适应""细分"5种方式。

2.2.2　螺旋线 ▽

　　螺旋线通常是用于制作某些特殊对象的扫描路径曲线，如电话线、弹簧等。在工具栏中单击"螺旋线"按钮 🔏 螺旋线 ，即可创建一条螺旋曲线，在软件操作界面右下方的"属性"窗口中可以看到螺旋对象的一些基本参数，如图2-35所示。"螺旋对象"面板的"对象"选项卡中各重点参数的具体含义如下。

◆起始半径/终点半径：设置螺旋线起始端和末端的半径，如果与终点半径不同，便会得到漩涡般的螺旋曲线。

◆开始角度/结束角度：根据输入的角度值设置螺旋的起点位置和终点位置。

◆半径偏移：设置螺旋半径的偏移程度，只有起始半径和终点半径不同时才能看到效果，如图2-36所示。

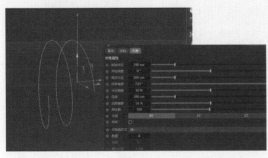

图2-35　　　　　　　　　　　　　　图2-36

◆高度/高度偏移：设置螺旋线的高度和偏移程度。

◆细分数：设置螺旋线的细分程度，值越高越圆滑。

2.2.3 齿轮

齿轮工具可以创建齿轮图形，在工具栏中单击"齿轮"按钮 ⚙，即可创建一条齿轮样条线，效果及参数设置如图2-37所示，"齿轮对象"面板中有多个选项卡，具体说明如下。

图2-37

1. "对象"选项卡

◆传统模式：选中"传统模式"复选框，参数会转换为传统模式下的参数，如图2-38所示。

◆显示引导：选中"显示引导"复选框，齿轮样条即可显示黄色的引导线，如图2-39所示。

图2-38　　　　　　　　　　　　　图2-39

◆引导颜色：用于设置引导线的颜色。

2. "齿"选项卡

◆类型：用于设置齿轮的形态类型，分别为"无""渐开线""棘轮""平坦"4种，其效果如图2-40所示。

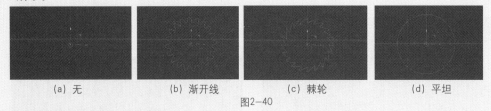

(a) 无　　　(b) 渐开线　　　(c) 棘轮　　　(d) 平坦

图2-40

◆齿：用于设置齿轮的锯齿个数。

3. "嵌体"选项卡

◆类型：用于设置齿轮嵌体的类型，分别为"无""轮廓""孔洞""拱形""波浪"5种，其效果如图2-41所示。

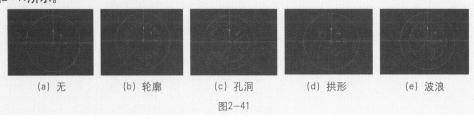

(a) 无　　(b) 轮廓　　(c) 孔洞　　(d) 拱形　　(e) 波浪

图2-41

2.2.4　创建其他样条　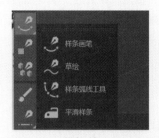

　　Cinema 4D除了可以创建标准样条曲线外，也可按需绘制其他所需样条。用鼠标左键长按"样条画笔"按钮，在弹出的菜单中可以选择"样条画笔"、"草绘"、"样条弧线工具"、"平滑样条"等工具，如图2-42所示。

图2-42

1. 样条画笔

　　样条画笔是Cinema 4D中常用的一种创建曲线的工具。使用样条画笔可以绘制5种类型的线条，包括线性、立方、Akima、B-样条、贝塞尔，如图2-43所示。

　　样条画笔默认的曲线类型为贝塞尔。在视图中单击一次可绘制一个控制点，当绘制两个点以上时，系统会自动在两个控制点之间计算出一条贝塞尔曲线（此时形成的是由直线段构成的曲线）。在绘制一个控制点时，按住鼠标左键不放，然后进行拖曳，会在控制点上出现一个手柄，两个控制点之间的曲线会变为光滑的曲线，这时可以拖动手柄自由控制曲线的形状。同时按住Ctrl键，单击需要添加点的位置，即可为曲线添加一个控制点，如图2-44所示。

图2-43

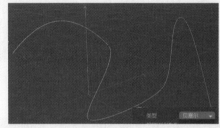

图2-44

　　在属性模板的样条画笔"选项-类型"属性中，选择线性样条曲线，则表示点与点之间使用直线连接。选择立方样条曲线在视图中单击即可绘制。当立方样条曲线的控制点超过3个时，系统会自动计算出控制点的平均值，然后得出一条光滑的曲线。选择Akima样条曲线，则表示曲线为较为接近控制点的路径。选择B-样条曲线，当控制点超过3个时，系统会自动计算出控制点的平均值，然后得出一条光滑的曲线（B-样条曲线只会经过绘制的首尾点），如图2-45所示。

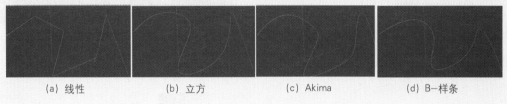

| (a) 线性 | (b) 立方 | (c) Akima | (d) B-样条 |

图2-45

2. 草绘

　　单击"草绘"按钮，按住鼠标左键拖动即可绘制自由的样条线，绘制完成后，可看到曲线上有很多点，效果和参数设置如图2-46所示。"草绘"面板中部分参数的具体含义如下。

　　◆半径：用于设置绘制时的画笔半径大小。

　　◆平滑笔触：用于设置画笔的平滑效果，数值越大，绘制的线越平滑。

3．样条弧线工具

使用样条弧线工具可以在两条线段之间自由连接出一个弧形样条曲线，也可以将一条线段的某一段重新编辑成弧形，绘制完样条曲线后，在"样条弧线工具"面板中会显示相应的参数，通过分别设置弧线的中点、终点、起点、中心、半径、角度参数，以确定弧线的最终绘制形态，如图2-47所示。

4．平滑样条工具

使用平滑样条工具可以作为一种塑造笔刷，让用户能够以各种方式来修改样条曲线的半径与强度，整体扩大当前笔刷的影响区域并提高当前笔刷的控制强度（按住Ctrl+鼠标中键，上下拖曳控制笔刷强度，左右拖曳控制半径），单击"平滑样条"按钮，按住鼠标左键在使用"样条画笔"或"草绘"工具绘制完成后的线条上拖动，可以使样条更加平滑，如图2-48所示。

图2-46

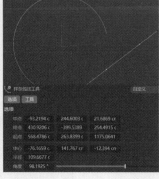
图2-47

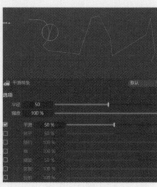
图2-48

2.2.5 课堂案例：创意糖果文字 ▼

本案例使用文本样条、草绘、平滑样条、球体创建Cinema 4D创意糖果文字场景，最终渲染效果如图2-49所示。

微课：创意
糖果文字

图2-49

 长按Cinema 4D 工具栏中的"文本"按钮，在弹出的面板中单击"文本样条"按钮，创建一个文本样条作为文字基底。创建完成后，在"文本样条对象"面板中选择"对象"选项卡，在"文本样条"文本框中输入字符"Cinema 4D"，设置"字体"为Palace Script MT，"高度"为200cm，如图2-50所示。

图2-50

02 选择"面板"→"视图4"命令，以步骤01中制作的文本样条作为文字基底，单击"草绘"按钮 ，描绘文本样条形态，创建新的样条，将文字隐藏，效果如图2-51所示。

图2-51

03 在工具箱中选择"平滑样条" （此处图标），设置平滑属性，按住鼠标左键在"样条"文字上拖动，使样条更加平滑，如图2-52所示。

图2-52

04 完成"平滑样条"命令后，将"样条"转化为可编辑对象，在点模式下，选择"样条"上的点，进行移动调整，最终效果如图2-53所示。

图2-53

05 创建"圆环"样条，设置半径为10cm。长按"细分曲面"按钮，在弹出的菜单中选择"扫描"工具，在"对象"窗口中，将"圆环"对象置于"样条"对象上方，"圆环"和"样条"对象共同作为"扫描"对象的子集，将原本的样条线变为带有厚度的三维文字模型，如图2-54所示。

图2-54

06 在"扫描对象"面板"封盖"选项卡中，设置"倒角外形"为圆角，"尺寸"为7cm，参数设置如图2-55所示。

图2-55

07 创建数个"球体"作为场景装饰，创建一个"平面"作为场景背景板，利用"缩放""旋转""移动"工具调整"球体""平面"位置与大小，Cinema 4D创意糖果文字模型创建效果如图2-56所示。

图2-56

1
2
3
4
5
6
7
8
9

31

2.3 生成器建模

Cinema 4D中的生成器建模可以对三维模型添加多种生成器类型，产生不同效果，具有极强的可操作性和灵活性。Cinema 4D的生成器在工具栏中都显示为绿色图标，且都位于对象的父层级。Cinema 4D提供的生成器建模方式包括细分曲面、布料曲面、布尔、实例、阵列、晶格等，通过选择"创建"→"生成器"命令即可选择相应的生成器类型，如图2-57所示。

图2-57

2.3.1 细分曲面 ▽

细分曲面是功能非常强大的三维设计雕刻工具之一，通过为细分曲面对象上的点、边添加权重，以及对表面进行细分，来制作出精细的模型。

在工具栏中单击"细分曲面"按钮 ，即可创建一个细分曲面对象，但其在模型窗口中不可见，仅在"对象"窗口中显示，如图2-58所示。此时再创建一个立方体对象，二者之间互不影响，没有建立任何关系，如图2-59所示。

图2-58

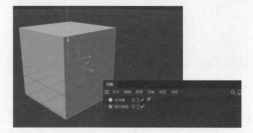

图2-59

如果想让"细分曲面"工具对立方体对象产生作用，就必须让"立方体"对象成为"细分曲面"对象的子对象。在"对象"窗口中选择"立方体"对象，接住鼠标左键不动，将其移动至"细分曲面"对象的下方，如图2-60所示。

> ● 技巧 提示
>
> 在Cinema 4D中，无论是造型工具还是变形器工具，都不会直接作用在模型上，而是以对象的形式显示在场景中。如果想让这些工具直接作用在模型对象上，就必须使这些模型对象和工具对象形成层级关系。

其参数显示在"属性"面板的"对象"选项卡中，如图2-61所示。"细分曲面"面板的"对象"选项卡中各重点参数的具体含义如下。

◆视窗细分：用于设置视图显示中模型对象的细分数。

◆渲染器细分：用于设置渲染时模型对象的细分数，也就是只影响渲染结果的细分数。

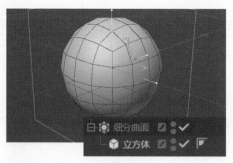

图2-60

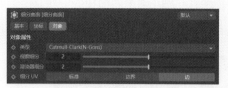

图2-61

2.3.2　布料曲面 ▽

布料曲面用于模拟布料的特性，可以软化模型并且设置其厚度。在场景中创建一个"立方体"模型，选中模型并单击"转为可编辑对象"按钮 🖉 ，或者按快捷键C也可将模型转换为可编辑的多边形对象。在编辑模式工具栏中单击"多边形"按钮 🔳 ，在模型上选择一个面，按 Delete 键，删除面，如图2-62所示。

单击"布料曲面"按钮，在场景中创建一个布料曲面对象，创建方式同细分曲面。将"立方体"对象拖动到"布料曲面"对象下作为子对象，立方体产生了变形，并且产生细分效果，参数设置和效果如图2-63所示。

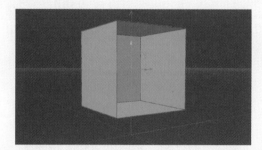

图2-62

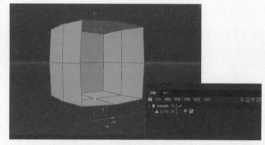

图2-63

选择"布料曲面"对象，在"布料曲面"面板的"对象"选项卡中调整布料曲面的属性，将"细分数"调整为4，将"厚度"调整为20cm，即可看到对立方体进行布料曲面细分的效果，如图2-64所示，其中各重点参数的具体含义如下。

◆细分数：用于设置模型对象的细分数，数值越大，模型分段数越多、越精细。

◆厚度：用于设置模型的厚度。

◆膨胀：选中该复选框后，可调整模型对象的膨胀程度。

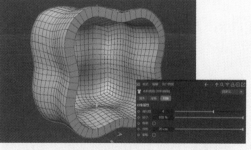

图2-64

2.3.3 融球

"融球"生成器可以将多个模型进行相融，从而产生带有粘连的效果，参数设置与效果如图2-65所示。"融球对象"面板的"对象"选项卡中各重点参数的具体含义如下。

◆外壳数值：设置球体间的融合效果，数值越小，融合的部位越多，如图2-66所示。

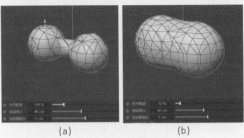

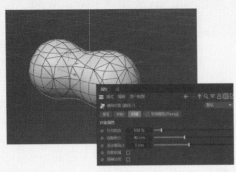

图2-65

(a)   (b)

图2-66

◆渲染器细分：设置融球模型的细分，数值越小，融球越圆滑，如图2-67所示。

微课：融球

图2-67

实战：用"融球"生成器制作云朵

本案例用球体和"融球"生成器制作云朵和山群，案例效果如图2-68所示。

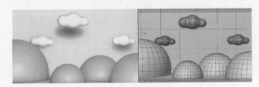

图2-68

02 将步骤01中创建的球体复制两份，分别设置"半径"为130cm和100cm，如图2-70所示。

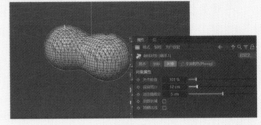

图2-70

01 选择"创建"→"网格"→"球体"命令，创建一个球体，设置球体参数"半径"为200cm，"分段"为30，如图2-69所示。

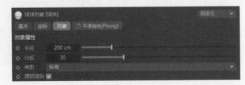

图2-69

03 选择"创建"→"生成器"→"融球"命令，创建融球对象，如图2-71所示。

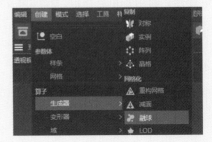

图2-71

04 使用移动工具移动上述3个球体对象至如图2-72所示的位置。

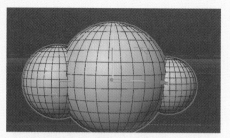

图2-72

05 在"对象"面板中，将3个"球体"对象置于"融球"生成器下方，成为"融球"生成器的子层级。选中"融球"对象，在下方"属性"中"融球对象"面板的"对象"选项卡中设置"外壳数值"为260%，"视窗细分"为20cm。云朵制作完成，效果如图2-73所示。

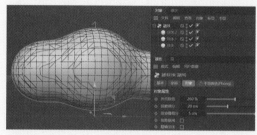

图2-73

06 在场景中继续创建4个球体，分别设置"半径"为750cm、550cm、500cm和350cm，如图2-74所示。

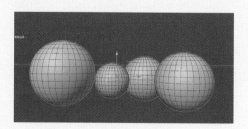

图2-74

07 在当前场景中，选择"创建"→"网格"→"平面"命令，创建两个平面。利用旋转工具，将其中一个平面旋转90°，呈现垂直状态，效果如图2-75所示。

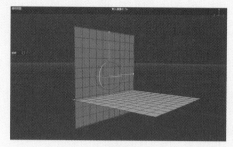

图2-75

08 移动上述创建好的4个球体对象，将其放置在水平位置的平面上，代表山群，效果如图2-76所示。

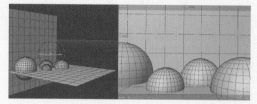

图2-76

09 将云朵复制3组，随机修改尺寸与位置参数，让云朵呈现不同的效果。本案例最终效果如图2-77所示。

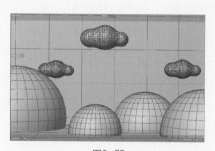

图2-77

2.3.4　布尔 ▼

　　"布尔"生成器可以制作两个模型之间的相加、相减、交集和补集效果。单击工具栏中的"立方体"按钮，创建一个立方体，再创建一个胶囊。移动胶囊的位置，使胶囊和立方体有重叠，单击工具栏中的"布尔"按钮，创建布尔对象，将立方体和胶囊拖动成为布尔对象的子层级，如图2-78所示。打开布尔对象的"属性"面板，选择"对象"选项卡，如图2-79所示。

"对象"选项卡中各重点参数的具体含义如下。

◆**布尔类型**：提供了4种布尔类型，分别为"A加B""A减B""AB交集""AB补集"。通过对模型对象进行不同的布尔运算，将得到新的模型对象，其效果如图2-80所示。

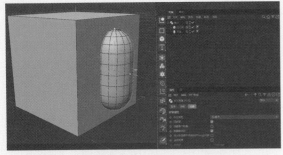

图2-78 图2-79

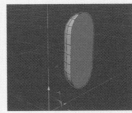

(a) 布尔A加B的效果　　(b) 布尔A减B的效果　　(c) 布尔AB交集的效果　　(d) 布尔AB补集的效果

图2-80

● **技巧 提示**

初学者在面对"布尔"生成器时，需要确定A对象和B对象。在"对象"面板中，处于"布尔"对象子层级上方的模型为A对象，处于下方的模型为B对象，如果读者想切换A对象和B对象，只需要在"对象"面板中移动两个对象的位置即可。

◆**高质量**：选中该复选框后，应用到布尔的模型部分分段更为合理。

◆**创建单个对象**：选中该复选框后，当布尔对象转换为多边形对象时，物体将合并为一个整体。

◆**隐藏新的边**：在进行布尔运算后，线的分布不均匀。选中该复选框后会隐藏不规则的线。

◆**交叉处创建平滑着色（Phong）分割**：对交叉的边缘进行平滑处理。

◆**优化点**：选中"创建单个对象"复选框后，此选项才能被激活，用于对布尔运算后的模型进行优化，删除无用的点。

2.3.5　课堂案例：雪人建模 ▽

本案例主要使用细分曲面、体积生成、体积网格、生长草坪、连接、对称、立方体、圆柱体、球体、圆锥体等创建雪人模型，最终渲染效果如图2-81所示。

微课：雪人
建模

图2-81

01 单击 Cinema 4D 工具栏中的"立方体"按钮，在弹出的面板中单击"圆柱体"按钮，创建一个圆柱体作为场景平台。创建完成后，在"圆柱对象"面板的"对象"选项卡中，设置"半径"为1500cm，"高度"为180cm，"高度分段"为1，"旋转分段"为50，开启封顶中的"圆角"，如图2-82所示。

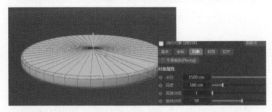

图2-82

02 复制步骤01中制作的圆柱体，向Y轴方向移动。复制完成后选择"对象"选项卡，设置"半径"为1450cm，"高度"为180cm，"高度分段"为1，"旋转分段"为50，开启封顶中的"圆角"，如图2-83所示。同时为该圆柱添加"生长草坪"，草坪参数设置如图2-84所示。

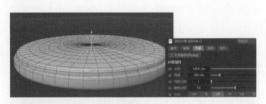

图2-83

图2-84

03 创建一个"球体"作为雪人身体，设置"半径"为220cm，"分段"为30。复制该球体并缩放作为雪人头部，如图2-85所示。

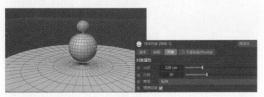

图2-85

04 创建3～4个大小不同的"球体"作为雪人底部的雪堆，选中球体并单击 按钮，将其全部转化为可编辑对象。利用缩放工具在Y轴方向上压扁球体，如图2-86所示。

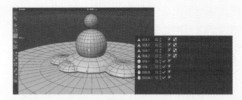

图2-86

05 选中步骤中03中创建的雪人身体和步骤04中创建的球体，分别添加"细分曲面"，如图2-87所示。

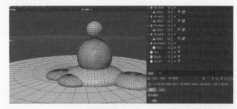

图2-87

06 单击"体积生成"按钮 ，选中步骤05中已添加"细分曲面"的模型对象并置于"体积生成"下方，成为"体积生成"的子对象，如图2-88所示。

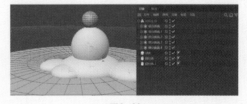

图2-88

07 选择"体积生成"，调整其"对象属性"，单击"SDF平滑"按钮一次，让模型对象相互衔接处变得平滑柔和，如图2-89所示。

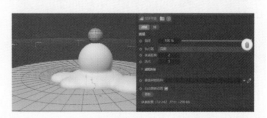

图2-89

1
2
3
4
5
6
7
8
9

08 单击"体积网格"按钮 ⚙ ，选中"对象"窗口中的"体积生成"对象并置于"体积网格"下方，使其成为"体积网格"的子对象，调整"体积网格"面板的"对象"选项卡中"体素范围阈值"为60%，如图2-90所示。

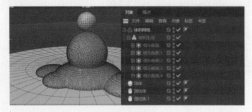

图2-90

09 创建两个"球体"和一个"圆锥体"作为雪人的眼睛和鼻子，缩放、旋转到合适的大小和位置，移动到雪人头部，接着创建3个"球体"作为雪人身体的纽扣，缩放、旋转到合适的大小和位置，移动到雪人身体，如图2-91所示。

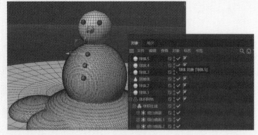

图2-91

10 创建一个"管道"作为雪人的围巾，添加"细分曲面"，设置"外部半径"为110cm，"内部半径"为90cm，"高度"为50cm，"高度分段"为1，"旋转分段"为16，如图2-92所示。

图2-92

11 继续创建一个"立方体"作为雪人的围巾，转化为可编辑对象，将视图切换到右视图，在点模式下调整其形态，让立方体和雪人身体弧线贴合，如图2-93所示。

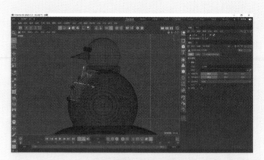

图2-93

12 在步骤11中创建的"立方体"上添加"细分曲面"，如图2-94所示。

图2-94

13 创建一个"圆柱体"和一个"胶囊"作为雪人的手臂，添加"连接"对象，让二者连接为一体，如图2-95所示。

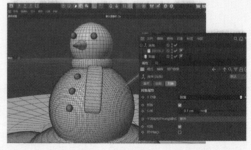

图2-95

14 继续添加"对称"对象，创建两个对称的雪人手臂，将对称轴向修改为ZY方向，如图2-96所示。

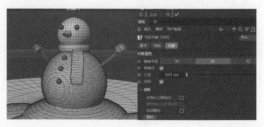

图2-96

15 创建一个"圆锥体"，添加"细分曲面"对象，如图2-97所示。

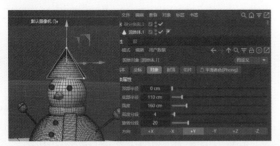

图2-97

16 雪人模型搭建完成，最后为模型添加节日元素素材，雪人整体创建效果如图2-98所示。

图2-98

2.4 曲面建模

通过曲面建模能够很好地控制物体的表面曲线度，用于创建效果更为真实的造型。Cinema 4D提供的曲面建模方式包括挤压、旋转、放样、扫描4种。通过选择"创建"→"生成器"命令即可选择相应的曲面建模类型，如图2-99所示。

图2-99

2.4.1 挤压

挤压是一种三维图形变形技术，以闭合线条构成的平面作为横截面生成三维模型。在工具栏中单击"挤压"按钮，即可创建一个挤压对象，但其在模型窗口中不可见，仅在"对象"窗口中显示。

如果想让挤压工具对花瓣形样条对象产生作用，就必须让花瓣形样条对象成为挤压对象的子对象。在"对象"窗口中选择"花瓣形"对象，接住鼠标左键不动，将其移动至"挤压"对象的下方，待鼠标指针变为符号时，释放鼠标左键，花瓣形样条对象即可成为挤压对象的子对象，如

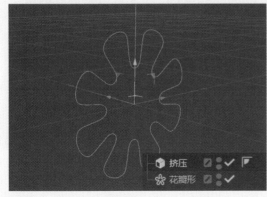

图2-100

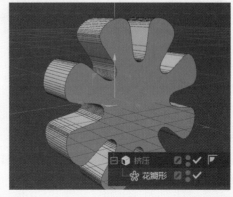

图2-101

39

图2-100所示。此时，花瓣形样条对象在挤压工具作用下，从样条变为具有厚度的三维模型，如图2-101所示。

其参数显示在"挤出对象"面板的"对象"选项卡中，如图2-102所示，其中各重点参数的具体含义如下。

◆ 方向：弹出的下拉菜单包括"自动""X""Y""Z""自定义""绝对"6个选项，代表各方向的挤出距离。

◆细分数：控制挤压对象在挤压轴上的细分数量。

◆ 等参细分：在视图菜单中选择"显示"→"等参线"命令，可以发现该参数控制的等参线的细分数量。

◆反转法线：该选项用于反转法线的方向。

◆层级：选中该复选框后，如果将挤压过的对象转换为可编辑的多边形对象，那么该对象将按照层级划分显示。

图2-102

2.4.2 旋转

在二维视图中，对于样条线绘制的图形轮廓，通过使用旋转工具将其旋转一定角度，从而旋转形成所需要的三维模型。

在工具栏中单击"旋转"按钮，即可先创建一个旋转对象，再创建一个样条对象，让样条对象成为旋转对象的子对象，使该样条围绕Y轴旋转生成一个三维模型，如图2-103所示。

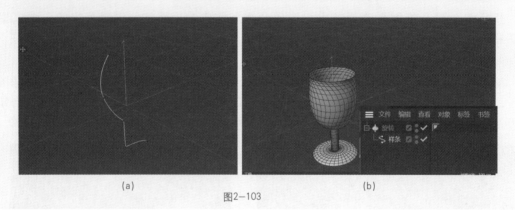

(a)　　　　图2-103　　　　(b)

2.4.3 放样

对于多条二维曲线的外边界搭建曲面，可通过放样从而形成复杂的三维模型。放样工具通过绘制两条或两条以上的线条，将其置于"放样"子集中，从而封闭形成所需要的三维模型。

在工具栏中单击"放样"按钮，即可创建一个放样对象，但其在模型窗口中不可见，仅在"对象"窗口中显示。此时再创建两个大小不同的样条对象：圆环，如图2-104所示。

如果想让放样工具对两个圆环样条对象产生作用，就必须让两个样条对象成为放样对象的子对象。在"对象"窗口中选择两个"圆环"对象，将其移动至"放样"对象的下方，使两个圆环样条对象成为放样对象的子对象，此时，两个圆环样条对象在放样工具作用下，从二维样条变为封闭的三维模型，如图2-105所示。

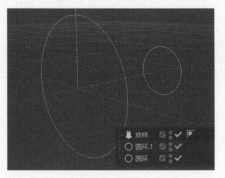

图2-104

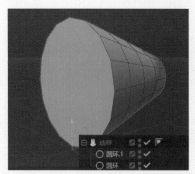

图2-105

2.4.4　扫描 ▼

通过扫描可以将一个二维图形的截面，沿着某条样条路径移动形成三维模型。扫描工具子集里包含两个"样条"元素，子集中上方的"样条"元素为横切面，下方"样条"元素为整体形状轨迹。

在工具栏中单击"扫描"按钮，即可创建一个扫描对象，但其在模型窗口中不可见，仅在"对象"窗口中显示。此时再创建螺旋线样条、圆环样条两个不同的样条对象，将"螺旋线"样条作为横切面置于上方，"圆环"样条作为整体形状轨迹置于下方，如图2-106所示。

如果想让扫描工具对两个圆形样条对象产生作用，就必须让两个样条对象成为扫描对象的子对象。在"对象"窗口中选择"螺旋线"样条和"圆环"样条，接住鼠标左键不动，将其移动至"扫描"对象的下方，此时，两个样条对象在扫描工具作用下，从二维样条变为封闭的管状三维模型，如图2-107所示。

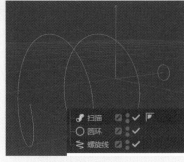

图2-106

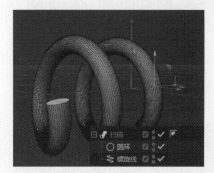

图2-107

2.4.5 课堂案例：主题文字建模

本案例使用样条文本、挤压、扫描、阵列、圆柱体、球体等创建"双12.12购物狂欢节"三维文字模型，最终渲染效果如图2-108所示。

微课：主题文字建模

图2-108

01 选择"文本"工具，创建文本样条对象，在"文本样条对象"面板的"对象"选项卡中的"文本样条"输入框中输入"12.12"，选择"思源黑体"，"对齐"选择"中对齐"，复制一份文本样条备用，如图2-109所示。

图2-109

02 选择文本样条对象，按住Alt键，在工具栏中单击"挤压"按钮，让文本挤压出厚度，如图2-110所示。

图2-110

03 在"对象"选项卡中调整"方向"为Z轴，偏移为100cm，此时挤压的厚度为100cm，如图2-111所示。

图2-111

04 在"封盖"选项卡中调整倒角的"尺寸"和"分段"，如图2-112所示。

图2-112

05 同时选中"文本样条"和"挤压"对象，鼠标右击，在弹出的快捷菜单中选择"连接对象+删除"命令，使文本变为可编辑状态，如图2-113所示。

图2-113

06 在多边形模式下，选中文本模型的正面，按住Shift键，沿Z轴向内推移20cm，如图2-114所示。

图2-114

07 选择备用的文本样条 ，转化为可编辑对象，再创建"圆环"样条，调整其"半径"为5cm。单击"扫描"工具 ，在"对象"窗口中，将"圆环"对象置于"文本样条"对象的上方，"圆环"和"样条"对象共同作为"扫描"对象的子集，使样条线变为带有厚度的管状文字模型，如图2-115所示。

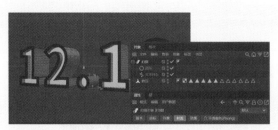

图2-115

08 选择"文本样条"工具，移动文本至"12.12"模型下方，在"文本样条对象"面板的"对象"选项卡中的"文本样条"文本框中输入"购物狂欢节"，"字体"选择"腾讯体"，"对齐"选择"中对齐"，如图2-116所示。

图2-116

09 选择文本对象，按住Alt键，使用相同方法单击工具栏中的"挤压"按钮，在"文本样条对象"面板的"对象"选项卡中调整挤压的厚度，在"封盖"选项卡中调整倒角的"尺寸"和"分段"，如图2-117所示。

图2-117

10 在文字模型下方中创建一个"圆柱体"作为展示舞台，在"对象"选项卡中设置圆柱体参数，参数设置及效果如图2-118所示。

图2-118

11 将圆柱体转化为可编辑对象，在多边形模式下，选中圆柱体顶面，鼠标右击，在弹出的快捷菜单中选择"嵌入"命令，向圆心内拖动鼠标偏移50cm，再按住Ctrl键，沿Z轴向上推移50cm。重复上述步骤两次，效果如图2-119所示。

图2-119

12 创建一个"球体"，添加"阵列"，相关参数设置和效果如图2-120所示。

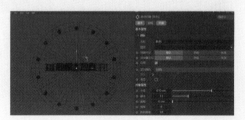

图2-120

13 最后调整文字模型和舞台模型的位置，三维文字模型创建效果如图2-121所示。

图2-121

2.5 变形器建模

变形器建模可以为模型对象添加变形效果，Cinema 4D提供种类丰富的变形工具，包括弯曲、膨胀、斜切、锥化、扭曲、FFD、摄像机、修正、网格、爆炸、爆炸FX、融化、碎片、颤动、挤压&伸展、碰撞、收缩包裹、球化、表面等。

Cinema 4D的变形器在工具栏中都显示为紫色图标，且都位于模型对象的子层级。创建变形器的方法有两种：一种是在工具栏中长按按钮不放，打开变形器工具栏，选择需要添加的变形器；另一种是在菜单栏中选择"创建"→"变形器"命令，创建变形器，如图2-122所示。

图2-122

2.5.1 弯曲变形器

弯曲变形器可以对模型进行任意角度的弯曲。单击工具栏中的"圆锥体"按钮，创建一个圆锥体，选择"创建"→"变形器"→"弯曲"命令，创建弯曲变形器。将弯曲变形器拖动成为圆柱对象的子对象，调整"强度"参数，圆锥体将弯曲，如图2-123所示。

选择"弯曲对象"面板中的"对象"选项卡，如图2-124所示。

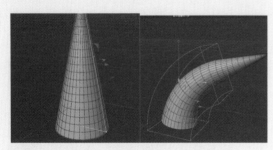

图2-123

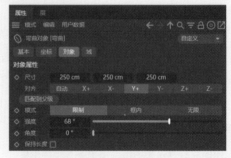

图2-124

"对象"选项卡中各重点参数的具体含义如下。

◆尺寸：用于设置变形器紫色边框的大小。

◆匹配到父级：当变形器作为物体的子对象时，单击"匹配到父级"按钮，变形器的框架将自动匹配模型对象的大小，在调整参数时将更加精准。

◆模式：用于设置模型的弯曲模式，包括"限制""框内""无限"3种。限制是指在弯曲框的范围内产生作用，不在弯曲框内也能产生作用；框内是指必须在弯曲框内才能产生作用；无限是指模型不受弯曲框限制。

◆强度：用于设置模型的弯曲程度。

◆角度：用于设置模型弯曲时的角度。

◆保持长度：选中该复选框后，模型无论如何弯曲，纵轴长度保持不变。

2.5.2 膨胀变形器

　　膨胀变形器可以让模型局部放大。单击工具栏中的"圆柱体"按钮，创建一个圆柱体，调节圆柱体的高度和旋转分段数，制作膨胀的模型需要有足够的细分数，才能产生膨胀效果。单击变形器工具栏中的"膨胀"按钮，创建膨胀变形器。将膨胀变形器拖动成为圆柱对象的子对象，调整"强度"参数，拖动变形器上的黄色手柄，圆柱体的局部将膨胀，如图2-125所示，"膨胀对象"面板的"对象"选项卡如图2-126所示。

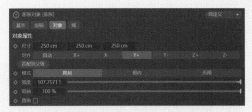

图2-125 　　　　　　　　　　　　　　　　　　图2-126

　　"对象"选项卡中各重点参数的具体含义如下。

　　◆匹配到父级：当变形器作为物体的子对象时，单击"匹配到父级"按钮，变形器的框架将自动匹配模型对象的大小，在调整参数时将更加精准。

　　◆弯曲：设置膨胀的弯曲程度。

　　◆圆角：选中该复选框后，模型曲线将更为丰富，可以保持膨胀为圆角。

2.5.3 FFD变形器

　　FFD变形器可以在模型的外部形成晶格，通过拖动晶格点来控制模型的造型。单击工具栏中的"圆柱体"按钮，创建一个圆柱体。单击变形器工具栏中的"FFD"按钮，创建 FFD变形器。将FFD变形器拖动成为圆柱体对象的子对象，调整水平网点、垂直网点和纵深网点均为3，如图2-127所示。在点模式 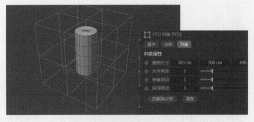 下，拖动晶格点来控制模型的

图2-127

造型，如图2-128所示。在视图窗口的菜单栏中选择"过滤"→"变形器"命令，可以将变形器隐藏，模型显示效果如图2-129所示。

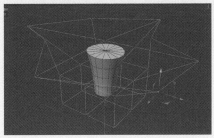
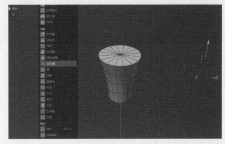

图2-128 　　　　　　　　　　　　　　　　　図2-129

2.5.4 爆炸变形器

爆炸变形器可以使模型产生爆炸、碎片化的效果。单击工具栏中的"球体"按钮，创建一个球体。单击变形器工具栏中的"爆炸"按钮，创建爆炸变形器。将爆炸变形器拖动成为球体对象的子对象，如图2-130所示。拖动"爆炸对象"面板的"对象"选项卡中的"强度"滑块，球体会产生不同的变化效果。设置强度分别为5%、20%、50%时的效果如图2-131所示，强度数值越大，爆炸效果越强烈。

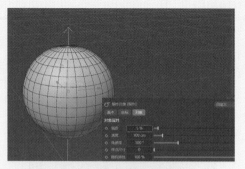

图2-130

图2-131

"对象"选项卡中各重点参数的具体含义如下。

◆强度：用于设置爆炸的强度，数值越大，爆炸的强度越大。

◆速度：用于设置爆炸碎片从轴心向外飞散的速度。

◆角速度：用于设置爆炸碎片的旋转效果。

◆终点尺寸：用于设置爆炸碎片的终点尺寸大小。

◆随机特性：用于设置爆炸碎片的随机效果，数值越大，爆炸碎片排列随机性越强。

● **技巧 提示**

爆炸FX变形器与爆炸变形器原理相同，都可以使模型产生爆炸、碎片化的效果，但爆炸FX变形器的功能更强大。以案例中模型为例，为球体添加爆炸FX变形器后，散射的模型可呈现不同造型的体块，如图2-132所示。"爆炸FX"变形器中的参数比较多，可以生成更多的效果，如图2-133所示。下面简单介绍每个选项卡的功能。

图2-132

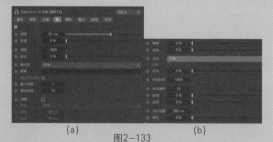

(a)　图2-133　(b)

对象：设置爆炸碎片的距离。
爆炸：设置爆炸整体的强度、速度、时间和范围等效果。
簇：设置爆炸碎片的厚度、密度等效果。
重力：设置场景的重力，模拟真实的动力学效果。
旋转：设置爆炸碎片的旋转效果。
专用：设置风力和螺旋，控制碎片整体的位置和角度。

2.5.5　融化变形器

　　融化变形器用于制作模型的融化效果。单击工具栏中的"圆柱体"按钮，创建一个圆柱体。单击变形器工具栏中的"融化"按钮，创建融化变形器。将融化变形器拖动成为圆柱体对象的子对象，如图2-134所示。拖动"软化对象"面板的"对象"选项卡中的"强度"滑片，强度分别为5%、20%、50%时的效果如图2-135所示，强度数值越大，融化效果越强烈。

图2-134

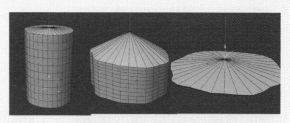

图2-135

　　"软化对象"面板的"对象"选项卡中参数设置如图2-136所示。其中各重点参数的具体含义如下。

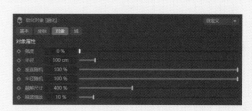

图2-136

　　◆强度：用于设置融化的强度，数值越大，融化效果越强烈。

　　◆半径：用于设置融化的半径大小。

　　◆垂直随机：用于设置融化垂直方向的随机效果。

　　◆半径随机：用于设置融化半径的随机效果。

　　◆融解尺寸：用于设置融化模型的尺寸。

　　◆噪波缩放：用于设置噪波的缩放大小。

2.5.6　球化变形器

　　球化变形器可以将不规则的物体变得更圆润，类似为球体。单击工具栏中的"圆柱体"按钮，创建圆柱体对象，增加其分段数。单击变形器工具栏中的"球化"按钮，创建球化变形器。将球化变形器拖动成为圆柱体的子对象，如图2-137所示。

　　调整球化对象的参数，将"强度"分别调整为20%、50%、80%，使圆柱体逐渐变为球体，如图2-138所示。可以通过"强度"参数调整关键帧动画，制作由圆柱体变为球体的动画。

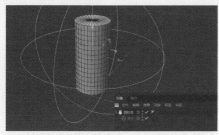

图2-137

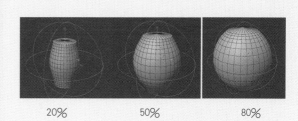

20%　　　50%　　　80%

图2-138

2.5.7　倒角变形器

　　倒角变形器可以使模型边缘形成倒角效果，常用于多边形建模。单击工具栏中的"立方体"按钮，创建一个立方体。单击变形器工具栏中的"倒角"按钮，创建倒角变形器。将倒角变形器拖动成为立方体对象的子对象，如图2-139所示。

　　调整"偏移"参数分别为5cm、20cm时，立方体倒角大小效果如图2-140所示。

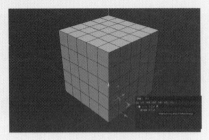

图2-139

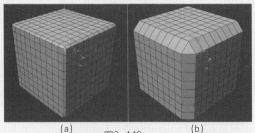

(a)　　　图2-140　　　(b)

　　"倒角变形器"面板的"选项"选项卡中参数设置如图2-141所示。其各重点参数的具体含义如下。

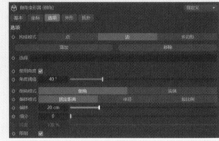

图2-141

　　◆构成模式：用于设置倒角的模式，包括"点""边""多边形"3种模式。

　　◆偏移：用于设置倒角的强度。

　　◆细分：用于设置倒角的分段数。

2.5.8　课堂案例：夏日冰淇淋

　　本案例使用锥化、扭曲、晶格、体积网格、体积生成等创建夏日冰淇淋模型，最终渲染效果如图2-142所示。

微课：夏日冰淇淋

(a)　　　　　　　(b)

图2-142

　　01 单击 Cinema 4D 工具栏中的"立方体"按钮，在弹出的面板中单击"圆锥体"按钮，创建一个圆锥体作为冰淇淋的甜筒。创建完成后在"圆锥对象"面板的"对象"选项卡中，设置"顶部半径"为100cm，"底部半径"为30cm，"高度"为200cm，"高度分段"为4，"旋转分段"为16，如图2-143所示。

图2-143

　　02 将"圆锥体"转为可编辑对象，在面模式下选择顶面，鼠标右击，在弹出的快捷菜单中选择"嵌入"命令，将顶面向圆心外侧拖动偏移-25cm，如图2-144所示。

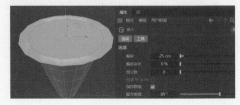

图2-144

03 选中顶面，按住Ctrl键，沿Y轴向上移动50cm，效果如图2-145所示。

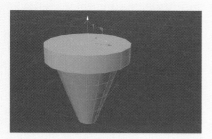

图2-145

04 选中步骤03中制作的顶面，鼠标右击，在弹出的快捷菜单中选择"嵌入"命令，将顶面向圆心内侧拖动偏移20cm，如图2-146所示。

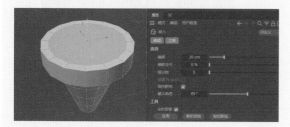

图2-146

05 选中步骤04中制作的顶面，按住Ctrl键，沿Y轴向下移动50cm，效果如图2-147所示。

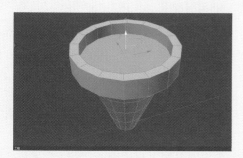

图2-147

06 选中甜筒顶部的侧边缘，在其右键菜单中选择"嵌入"命令，将内侧拖动偏移8cm，如图2-148所示

图2-148

07 选中步骤06中制作的顶部的侧边缘，在其右键菜单中选择"挤压"命令，沿圆心内部偏移-8cm，如图2-149所示。

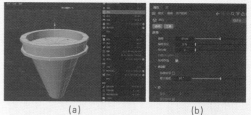

(a)　　　　　　(b)

图2-149

08 创建新的"圆锥体"，相较原圆锥体的形态一致但体积稍大，调整其参数设置，如图2-150所示。

图2-150

09 在顶视图中，将两个圆锥体的圆心重叠，效果如图2-151所示。

图2-151

10 选中外围的圆锥体，添加"晶格"对象，将圆锥体拖动成为晶格对象的子对象，调整晶格的"球体半径"和"圆柱半径"均为5cm，如图2-152所示。

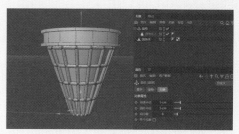

图2-152

11 选中"晶格"和"圆锥体",添加"体积生成",将晶格和圆锥体拖动成为体积生成的子对象,调整"体素尺寸"为1.5cm～2cm,单击"SDF平滑"按钮,在体素生成的对象属性中添加"SDF平滑",如图2-153所示。

图2-153

12 选中步骤11中制作的"体积生成",添加"体积网格",将"体积生成"拖动成为"体积网格"的子对象,如图2-154所示。

图2-154

13 创建一个"球体"作为冰淇淋的奶油,"半径"设置为110cm,"分段"为24,如图2-155所示。

图2-155

14 将添加的球体转化为可编辑对象,在边模式下,单击"循环选择"球体的边,如图2-156所示。

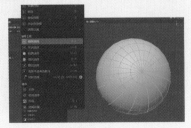

图2-156

15 选择"缩放"工具，将选中的边向球心位置拖动,如图2-157所示。

图2-157

16 在点模式下,选择"移动"工具，沿Y轴向上拖动球体顶点,如图2-158所示。

图2-158

17 单击变形器工具栏中的"锥化"按钮,创建"锥化"变形器。将"锥化"变形器拖动成为"球体"对象的子对象,调整"强度"参数,将球体锥化,如图2-159所示。

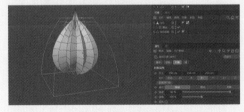

图2-159

18 单击变形器工具栏中的"扭曲"按钮,创建"扭曲"变形器。将"扭曲"变形器拖动成为"球体"对象的子对象,调整"角度"为280°,球体将扭曲旋转成为冰淇淋奶油造型,如图2-160所示。

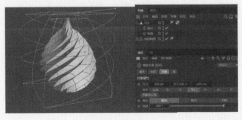

图2-160

19 为球体添加"细分曲面",调整冰淇淋甜筒和奶油的位置和大小,如图2-161所示。

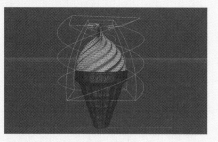

图2-161

20 为冰淇淋增添装饰元素,夏日冰淇淋模型创建效果如图2-162所示。

图2-162

2.6 多边形建模

Cinema 4D为用户提供了更为高级和复杂的建模方式:多边形建模。利用前面章节学习的建模工具结合多边形建模几乎可以编辑制作任何所需模型,如用户可以创造出室内模型、产品模型、生物类模型、CG模型及其他类复杂模型。

多边形建模的强大之处在于,用户可以最大限度地调整对象的点、边、多边形的位置。多边形建模是基于一个简单模型进行编辑更改而得到精细复杂模型效果的过程。

2.6.1 转为可编辑对象

将模型转换为可编辑对象有两种方式:一种方式是单击编辑模式工具栏中的"转为可编辑对象"按钮,将"对象"面板中的模型转换为可编辑的多边形对象,转换前后的"对象"面板如图2-163所示,同时可以观察到模型原有的"对象"参数消失;另一种方式是在选中模型后,按快捷键C,可以将模型直接转换为可编辑对象。

可编辑的多边形对象有3种编辑模式,分别是"点""边""多边形",在工具栏的上方可以切换这3种模式,如图2-164所示。

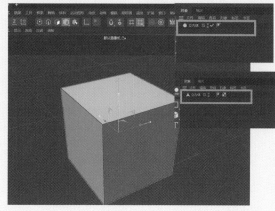

图2-163

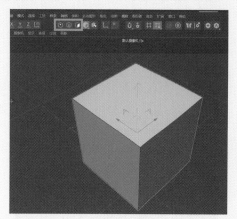

图2-164

2.6.2 点模式 ▽

"点"是位于模型对象表面上的点。进入"点"模式 ⊙ 后，可以对模型上的点进行编辑。在视图窗口中的任意一处右击，即可弹出多种编辑工具，如图2-165所示。

"点"模式下的鼠标右键菜单中常用编辑命令参数的具体含义如下。

◆多边形画笔：可以在多边形上连接任意的点、边和多边形。如图2-166所示，在模型上先单击一个点，再单击另一个点，即可在模型上绘制出线。

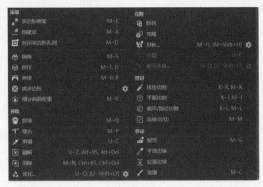

图2-165

◆创建点：在模型的任意位置添加新的点，如图2-167所示。

◆封闭多边形孔洞：单击模型的缺口位置，即可将多边形缺口直接封闭，如图2-168所示。

 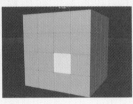 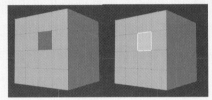

图2-166   图2-167   图2-168

◆倒角：对选中的点进行倒角处理，选中点并拖动鼠标左键即可生成新的边，如图2-169所示。

◆挤压：选中点并拖动即可产生凸起效果，如图2-170所示。

◆桥接：将两个断开的点进行连接，产生新的边，如图2-171所示。

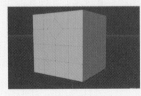 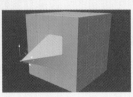  

图2-169   图2-170   图2-171   图2-172

◆线性切割：在多边形上分割新的分段边，如图2-172所示。

◆平面切割：可以创建直接贯穿模型的分段边，如图2-173所示。

◆循环/路径切割：可以沿着多边形添加新的一圈边，如图2-174所示。

◆连接点/边：将选中的点或边相连，如图2-175所示。

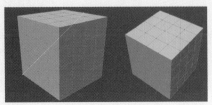 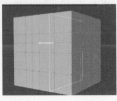 

图2-173   图2-174   图2-175

◆焊接:选择需要进行焊接的几个点,执行"焊接"命令之后,单击需要焊接点中的任何一点即可完成焊接,如图2-176所示。

◆缝合:可以在点、边、多边形级别下,对点和点、边和边、多边形和多边形进行缝合处理,如图2-177所示。

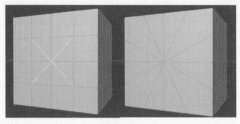
图2-176

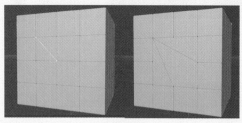
图2-177

◆优化:用于优化当前模型,可以将多余的点进行合并,精简模型的点个数,如图2-178所示。

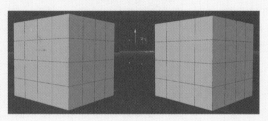
图2-178

◆分裂:可以将选中的点或多边形对象分裂出来,且不会破坏原模型,如图2-179所示。

◆断开连接:选中点之后执行"断开连接"命令,即可将点断开,移动该点的位置可以观察到其不再是一个单独的点,如图2-180所示。

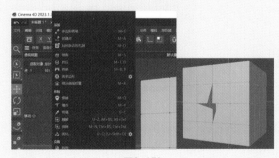
图2-179

图2-180

◆笔刷:在模型上拖动可以使模型产生起伏效果,如图2-181所示。

◆磁铁:在磁铁工具的状态下按住鼠标左键拖动,对当前的模型进行涂抹可以让模型产生变化,如图2-182所示。

◆融解:选中模型上的点,执行"融解"命令之后可以将选中的点融解,如图2-183所示。

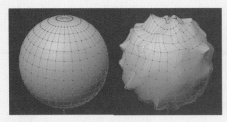

图2-181　　　　　　　　　图2-182　　　　　　　　　图2-183

2.6.3　边模式 ⊙

"边"是连接两个点之间的部分。进入"边"模式 ⬚ 后，可以对模型上的边进行编辑。在视图窗口中的任意一处右击，即可弹出多种编辑工具，如图2-184所示。"边"模式下的常用编辑命令和"点"模式下的常用编辑命令大致相同。

"边"模式下的鼠标菜单中常用的编辑命令的具体含义如下。

图2-184

◆倒角：选中模型上的边，执行"倒角"命令之后，拖动鼠标即可让选中的边产生倒角效果，如图2-185所示。

◆挤压：选中模型上的边，执行"挤压"命令之后，拖动鼠标即可挤压出边，如图2-186所示。

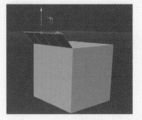

图2-185　　　　　　　　　图2-186

◆切割边：选中模型上的边，执行"切割边"命令之后，拖动鼠标即可使模型产生切割的边，如图2-187所示。

◆旋转边：选中模型上的边，执行"旋转边"命令之后，即可旋转边，如图2-188所示。

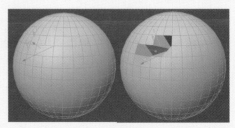

图2-187　　　　　　　　　图2-188

◆提取样条：选中模型上的边，执行"提取样条"命令之后，将会自动生成"模型.样条"对象，如图2-189和图2-190所示。

图2-189　　　　　　　　　　　　　　图2-190

2.6.4　多边形模式　▽

　　"多边形"对象是由3条或3条以上的边所组成的面，它们组成了模型对象可以编辑的曲面。进入"多边形"模式🔲后，可以对模型上的面进行编辑。在视图窗口中的任意一处右击，即可弹出多种编辑工具，如图2-191所示。

图2-191

　　"多边形"模式下的鼠标右键菜单中常用的编辑命令参数的具体含义如下。

　　◆倒角：选中多边形，执行"倒角"命令后，拖动鼠标右键即可让选中的多边形产生凸起的倒角效果，如图2-192所示。

　　◆挤压：将选中的面进行挤压。按Ctrl键移动选中面，可将其快速挤压，如图2-193所示。

　　◆嵌入：选中多边形，执行"嵌入"命令后，拖动鼠标左键即可让选中的多边形内部插入新的多边形，如图2-194所示。

　　◆矩阵挤压：在挤压的同时缩放和旋转挤压出的多边形，可以通过设置次数控制挤压的个数，拖动鼠标左键即可产生连续且逐渐收缩的凸起效果，如图2-195所示。

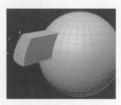

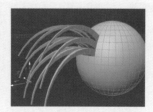

图2-192　　　　　　图2-193　　　　　　　图2-194　　　　　　　图2-195

　　◆细分：选中多边形，执行"细分"命令后，可以使该多边形产生更多分段，如图2-196所示。

　　◆坍塌：选中多边形，执行"坍塌"命令后，可以将模型的多边形塌陷聚集在一起，如图2-197所示。

◆三角化：执行"三角化"命令后，可将选中的多边形变形为三角形，如图2-198所示。

◆反三角化：执行"反三角化"命令后，可将选中的三角形变形为四边形。

图2-196

图2-197

图2-198

2.6.5 课堂案例：用多边形建模制作家用座椅 ▼

本节案例采用以多边形建模法为主，以参数化建模、样条曲线建模、生成器建模、曲面建模、变形器建模法为辅的方式，完成家用座椅模型的创建。

搜集家用座椅图片素材，如图2-199所示。座椅模型整体由椅背、椅座、椅脚构成，边缘呈现圆滑曲线效果。椅座和椅背都是向内凹陷形态，且由木制层和皮质层两种材料构成。

微课：用多边形建模制作家用座椅（1）

图2-199

01 单击 Cinema 4D 工具栏中的"立方体"按钮，在弹出的面板中单击"平面"按钮，创建一个平面作为椅座木制层部分。创建完成后在"平面对象"面板的"对象"选项卡中，设置"宽度"为550cm，"高度"为300cm，"宽度分段"为1，"高度分段"为1，如图2-200所示。

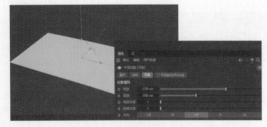
图2-200

02 选中平面，按快捷键C，将平面转化为可编辑对象。添加"细分曲面"，调整"视窗细分"和"渲染器细分"参数均为3，如图2-201所示。

图2-201

03 选中"细分曲面"和"平面"对象，鼠标右击，在弹出的快捷菜单中选择"连接对象+删除"命令，如图2-202所示。

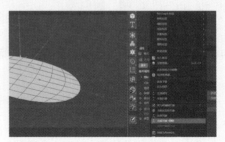
图2-202

04 为"细分曲面"添加变形器命令"弯曲",调整强度为80°,如图2-203所示。

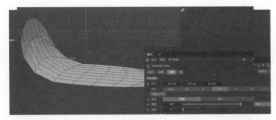

图2-203

05 复制步骤04中制作的弯曲,在顶视图中,将两个弯曲分别置于细分曲面对象两侧,如图2-204所示。

图2-204

06 在透视图中调整两个弯曲的高度,使细分曲面短边两侧呈现向上弯曲的状态,如图2-205所示。

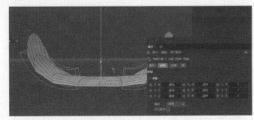

图2-205

07 选中"细分曲面"对象,在面模式下,鼠标右击,在弹出的快捷菜单中选择"挤压"命令,如图2-206所示。

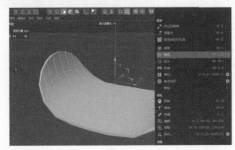

图2-206

08 沿Y轴方向拖动鼠标左键,挤压偏移8cm。同时复制"细分曲面",单击其中一个"细分曲面" 将其变为 ,隐藏作为备份,如图2-207所示。

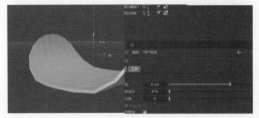

图2-207

09 在面模式下,选择"细分曲面"的顶面,鼠标右击,在弹出的快捷菜单中选择"分裂"命令,如图2-208所示。

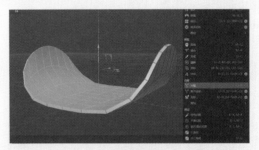

图2-208

10 隐藏步骤09中分裂出的"细分曲面.2",为"细分曲面.1"再次添加"细分曲面",可以发现座椅木制层变成光滑曲面,如图2-209所示。

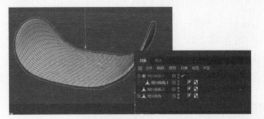

图2-209

11 选择"细分曲面.3",在面模式下,单击鼠标右键,在弹出的快捷菜单中选择"循环/路径切割"命令,如图2-210所示。

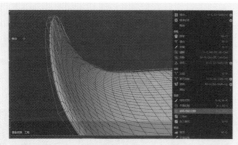

图2-210

12 在"细分曲面.3"边缘处循环切割两次，如图2-211所示。

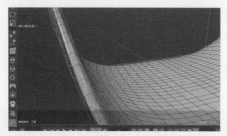

图2-211

13 继续在"细分曲面.3"中间处切割两次，完成椅座木制层的建模，如图2-212所示。

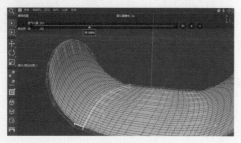

图2-212

14 取消隐藏"细分曲面.2"并选中，在面模式下，单击鼠标右键，在弹出的快捷菜单中选择"挤压"命令，沿Y轴挤压偏移35cm，如图2-213所示。

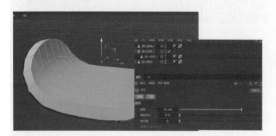

图2-213

15 在点模式下，框选"细分曲面.2"顶端的点，如图2-214所示。

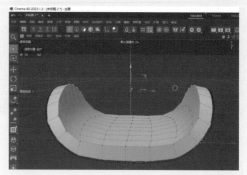

图2-214

16 在正视图中，分别向左右两侧移动选中的点，让曲面两端厚度变窄，如图2-215所示。

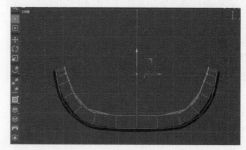

图2-215

17 在边模式下，在"细分曲面.2"侧边缘继续进行两次循环切割，如图2-216所示。

图2-216

18 在面模式下，选择"细分曲面.2"中间的面，如图2-217所示。

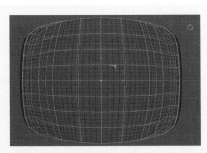

图2-217

19 单击"缩放"按钮，沿Z轴拖动鼠标，使曲面稍微向中心收拢，如图2-218所示。

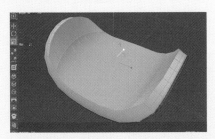

图2-218

20 将视图切回到透视视图，观察椅座皮质层最终造型，如图2-219所示。

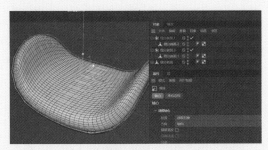

图2-219

21 在"对象"栏目中，选中椅座木制层和皮质层的细分曲面对象，单击鼠标右键，在弹出的快捷菜单中选择"群组对象"命令，将两个曲面对象合并为群组对象，如图2-220所示。

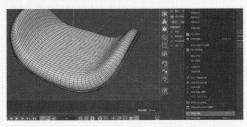

图2-220

22 将步骤22中生成的群组对象重命名为"1"，将复制后的对象重命名为"2"，如图2-221所示。

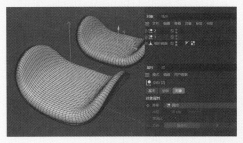

图2-221

23 将"2"旋转并沿Y轴挤压变窄，作为椅背，如图2-222所示。

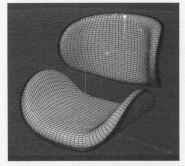

图2-222

微课：用多边形建模制作家用座椅（2）

24 在右视图中，利用"旋转"工具调整椅背倾斜角度，如图2-223所示。

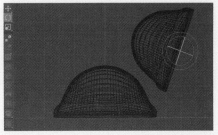

图2-223

25 将视图切回到透视视图，调整椅背高度，如图2-224所示。

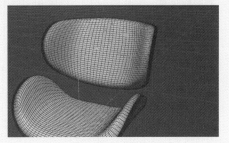

图2-224

1
2
3
4
5
6
7
8
9

26 将视图切回到右视图,利用"样条画笔"工具绘制样条线,如图2-225所示。

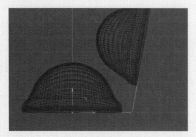

图2-225

27 继续创建"矩形"样条,将"矩形"置于"样条"上方,如图2-226所示。

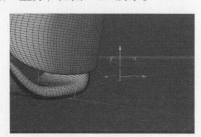

图2-226

28 继续创建"扫描"对象,在"对象"窗口中选择"样条"和"矩形",将两个样条对象设置为"扫描"对象的子对象,如图2-227所示。

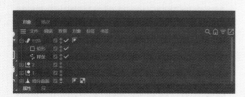

图2-227

29 在点模式下选择样条上的点,单击鼠标右键,在弹出的快捷菜单中选择"倒角"命令,使样条转折处变平滑,如图2-228所示。

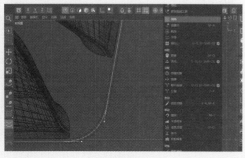

图2-228

30 将步骤28中生成的扫描对象重命名为"3",复制后的对象重命名为"4",如图2-229所示。

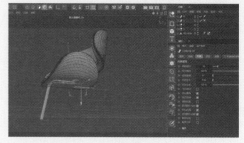

图2-229

31 选择对象"4",移动并缩小,作为椅座和椅脚的衔接部件,如图2-230所示。

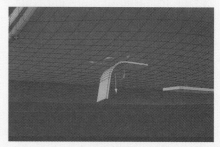

图2-230

32 为对象"4"创建"对称"对象,如图2-231所示。

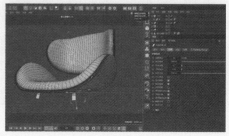

图2-231

33 选中步骤32中生成的对称对象,再次为其添加"对称.1"生成器,将步骤32中生成的对称对象转化成为"对称.1"的子对象,如图2-232所示。

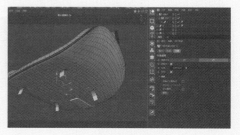

图2-232

34 创建一个"圆柱体"作为椅脚,将"高度分段"修改为1,将其转化为可编辑对象,如图2-233所示。

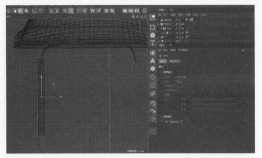

图2-233

35 在右视图中,将"圆柱体"修改至合适的长度,旋转后的效果如图2-234所示。

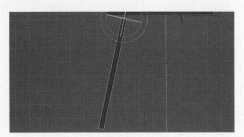

图2-234

36 在线模式下,将"圆柱体"下半部分进行"循环/路径切割"两次,如图2-235所示。

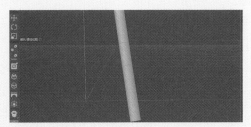

图2-235

37 在点模式下,将"圆柱体"底部一圈点选中并缩小,如图2-236所示。

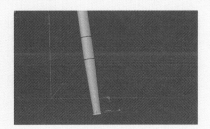

图2-236

38 鼠标右击,在弹出的快捷菜单中选择"群组对象"命令,将"圆柱体"和对象"4"合并到一个空白群组对象,且作为"对称"对象的子对象,如图2-237所示。

图2-237

39 通过观察透视视图,可发现4条椅腿创建完成,如图2-238所示。

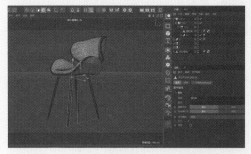

图2-238

40 接下来制作椅腿和椅座衔接部分的组件。选择对象"4"并转化为可编辑对象,如图2-239所示。

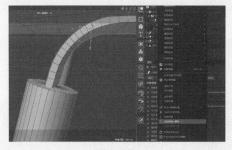

图2-239

41 创建"布尔"对象,将其作为空白群组对象的子对象。创建一个"立方体",将"立方体"与"圆柱体"共同作为"布尔"对象的子对象,且"圆柱体"位于"立方体"上方,效果如图2-240所示。

图2-240

42 复制"圆柱体",修改复制体"圆柱体.2"的尺寸大小,如图2-241所示。

图2-241

43 复制"圆柱体.2",移动复制体"圆柱体.3"的位置,如图2-242所示。

图2-242

44 将"圆柱体.2"和"圆柱体.3"共同作为"布尔"对象的子对象,如图2-243所示。

图2-243

45 将"立方体""圆柱体.2""圆柱体.3"合并成为一个"空白"群组对象,效果如图2-244所示。

图2-244

46 复制"圆柱体",修改复制体"圆柱体.4"的尺寸大小作为椅脚的螺钉,如图2-245所示。

图2-245

47 将"圆柱体.4"转化为可编辑对象,在面模式下,选择顶面并向外"嵌入",如图2-246所示。

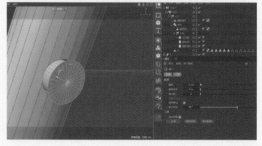

图2-246

48 继续对选中的顶面沿Y轴"挤压"两次,如图2-247所示。

图2-247

49 利用"移动"工具，将顶面向圆心内部推移，如图2-248所示。

图2-248

50 复制"圆柱体.4"和"圆柱体.5"，将其共同作为"空白"群组对象的子对象，完成椅脚的全部螺钉制作，效果如图2-249所示。

图2-249

51 利用"样条画笔"绘制样条线，创建"样条"，如图2-250所示。

图2-250

52 创建一个"圆环"和一个"扫描"对象，将"圆环"置于"样条"上方，在"对象"窗口中选择"样条"和"圆环"，接住鼠标左键不动，将二者移动至"扫描"对象的下方，待鼠标指针变为符号时，释放鼠标左键，将两个样条对象设置为"扫描"对象的子对象，效果如图2-251所示。

图2-251

53 将"扫描"对象作为"空白"群组对象的子对象，效果如图2-252所示。

图2-252

54 创建一个"圆柱体.6"，参数设置如图2-253所示。

图2-253

55 将"圆柱体.6"转化为可编辑对象，在点模式下，调整圆柱底部造型，如图2-254所示。

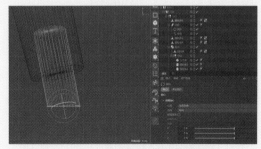

图2-254

56 将"圆柱体.6"旋转至合适的位置，如图2-255所示。

图2-255

57 创建一个"油桶"，将其转化为可编辑对象作为椅背的螺钉，如图2-256所示。

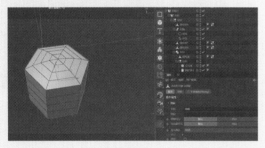

图2-256

58 在点模式下，框选"油桶"下半部分的点并删除，如图2-257所示。

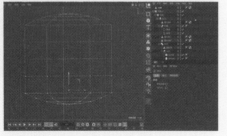

图2-257

59 在右视图中，调整"油桶"位置，如图2-258所示。

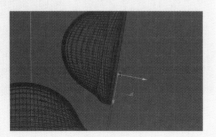

图2-258

60 复制"油桶"，并调整位置，如图2-259所示。

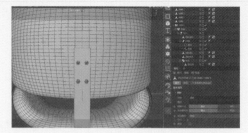

图2-259

61 继续复制"油桶"，并调整位置，如图2-260所示。

图2-260

62 最后调整家用座椅模型的位置及角度，所有创建的对象如图2-261所示。

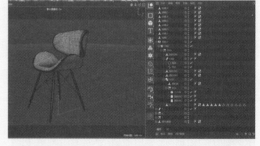

图2-261

63 家用座椅模型的最终效果如图2-262所示。

图2-262

2.7 知识与技能梳理

Cinema 4D 提供了种类丰富的建模方法，尤其是采用多边形建模极大地提高了模型的可调性，通过对模型的点、边、多边形进行编辑，可以将简单的基础模型逐步调整为复杂精细的模型。需要注意的是，多边形建模虽然能完成大部分模型制作，但并非所有模型都适合采用多边形建模法，在实际建模时，需要考虑模型对象的特点，结合参数化建模、样条曲线建模、生成器建模、曲面建模、变形器建模，选择合适的建模方式。

▶重要概念：父子集层级、点、边、多边形。

▶核心技术：参数化建模、样条曲线建模、生成器建模、曲面建模、变形器建模、多边形建模方法。

▶实际运用：建模流程、复杂模型对象的创建、生成器和变形器的应用。

2.8 课后练习

一、选择题（共3题），请扫描二维码进入即测即评。

1. 模型的对象可编辑化命令的快捷键是（   ）。

A. C   B. Shift+C   C. Ctrl+C   D. Alt+C

2.8 课后练习

2. 下列模式中，不属于可编辑对象的是（   ）。

A. 点模式   B. 边模式   C. 多边形模式   D. 参考线模式

3. 坐标轴的红色、绿色、蓝色分别代表的轴是（   ）。

A. XYZ   B. XZY   C. YXZ   D. YZX

二、简答题

1. 简要说明Cinema 4D常用的几种建模方式。

2. 简要说明Cinema 4D常用的生成器类型。

3. 简要说明Cinema 4D的多边形建模流程。

Chapter 3

创建灯光与HDR环境

人们在自然界中看到的光来自太阳或借助于产生光的设备（如白炽灯、荧光灯、萤火虫等）。光在人类生产生活过程中不可或缺，是人类认识外部世界的依据。在三维设计软件中，灯光是用于模拟光源的一种工具。灯光可以用来照亮场景，改变场景的氛围和渲染效果。Cinema 4D 提供了种类丰富的光照和阴影类型，光照系统提供了数量众多的设置与选项，这些选项可以控制色彩、亮度、衰减以及其他属性，也可以调整每个光照下阴影的强度与色彩。光照设置中包含了对比度、透镜反射、可见性、体积光、噪波等选项，可以通过更改光通量（单位为流明）与发光强度（单位为坎德拉）的值来为场景提供高度真实化的照明解决方案。

学习要求	知识点	学习目标			
		了解	掌握	应用	重点知识
	基本布光知识		⚑		
	Cinema 4D的灯光类型				⚑
	灯光的基本属性		⚑		
	HDR环境		⚑		

能力与素养
目标

3.1　基本布光知识

对于同一个复杂场景布光，不同的灯光师会有各不相同的方案与效果，但都会遵守一定的布光原则，如考虑灯光的类型、灯光的位置、照射的角度、灯光的强度和灯光的衰减等。如果想要为一个环境或物体照明，在布光中可以尝试一些创造性的想法，并结合现实世界的光照，研究创意方案。如图3-1所示是Cinema 4D官方网站展示不同场景下运用的优秀灯光案例作品。

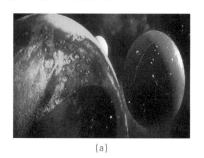　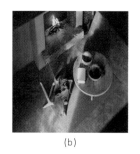　

(a)　　　　　　　　　　　　(b)　　　　　　　　　　　　(c)

图3-1

3.1.1　光源类型 ▽

①主光源：是布光时最主要的光源，在场景内生成阴影和高光，并照亮大部分区域。

②辅助光源：用来填充场景中主光源照射不到的黑暗区域或阴影区域，辅助光源不会生成阴影，一般不止一盏，被放置在与主光源相对的位置，颜色与主光源的颜色形成对比，亮度比主光源弱，从而形成主次关系。

③背景/轮廓光源：在需要强调物体的轮廓时，可以加入背景光将物体和背景分开。

④顺光源：是光源从拍摄方向正面射向被摄物体的光线，也称正面光源。

⑤逆光源：光线与拍摄方向相反，能勾勒出被摄物体的亮度轮廓，又称轮廓光源。逆光源下的场景层次分明，线条突出，画面生动，更凸显场景物体的立体感和空间感。

⑥侧光源：是指光源从被摄物体的左侧或右侧射来的光线。侧光源在被摄物体上形成明显的受光面、阴影面和投影，侧光源下的画面明暗配置和明暗反差鲜明清晰，空气透视现象明显，有利于表现场景物体的立体感和空间感。

⑦顶光源：在现实生活中，顶光都出现在正午，光线垂直照射在被摄主体顶部，即来自顶部的光线，与被摄场景、照相机成90°的垂直角度。

⑧底光源：是从被摄物体正下方照射的光线，现实中很少出现这种光线，需要人工照明制造。

3.1.2　三点布光法 ▽

三点布光法是创建灯光的最常用方法之一，其遵循先创建主光源，其次创建辅助光源，最后创建背景/轮廓光源的布光流程，渲染作品贴近现实光照效果且极具气氛，如图3-2所示。

1
2
3
4
5
6
7
8
9

1.创建主光源

主光源一般在灯光中起到最重要的作用，即创建亮度最大、灯光照射覆盖面积较大的光源。

2.创建辅助光源

辅助光源的主要作用是表现暗部层次，控制画面反差。辅助光源可以是一个光源，也可以是多个光源。

3.创建背景/轮廓光源

在布置完主光源和辅助光源后，如需要强调物体轮廓时，可创建背景/轮廓光源，让主体产生微弱的反射高光效果。

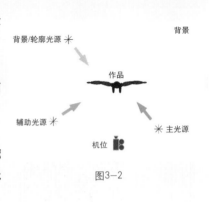

图3-2

3.1.3　课堂案例：几何群组的三点布光 ▼

三点布光是三维设计软件中最为经典的布光方法之一，在绝大多数的应用场景下，使用三点布光都能得到较为真实的光影关系：首先要确定主光源的位置和强度，其次要决定辅助光源的强度与角度，最后放置点缀光源，灯光应当主次分明，互相补充。本案例着重讲解三点布光法的技巧，最终效果如图3-3所示。

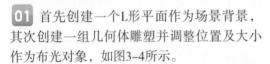

微课：几何群组的三点布光

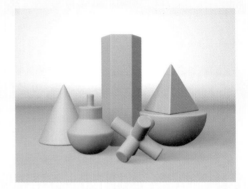

图3-3

01 首先创建一个L形平面作为场景背景，其次创建一组几何体雕塑并调整位置及大小作为布光对象，如图3-4所示。

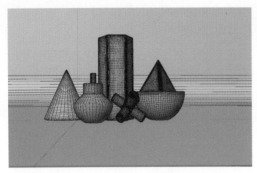

图3-4

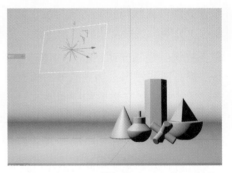

图3-5

02 在Cinema 4D三点布光法中，通常选择一个"区域光"作为场景主光源，将其置于场景左上方，旋转一定角度后对场景产生斜射照明效果，场景在主光源的照射下变亮，如图3-5所示。

03 场景的投影一般由主光源控制，选中"区域光"对象，在界面右下角的"灯光对象"面板的"对象"选项卡的"投影"下拉列表中，选择为"区域"，如图3-6所示。

图3-6

04 单击"渲染到图像查看器"按钮，添加投影后的效果如图3-7所示。

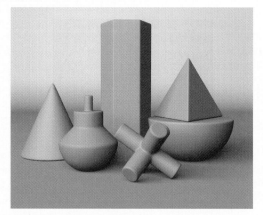

图3-7

05 在添加主光源投影后，场景右侧偏暗，因此需要继续创建一个"区域光"，将其置于场景右上方作为辅助光源，并调整位置，如图3-8所示。

图3-8

06 当前场景的亮度强度偏强，因为两侧的区域光强度均为100%，在一般情况下，辅助光源的强度应低于主光源的强度，在界面右下角的"灯光对象"面板的"常规"选项卡中修改"强度"数值，将"100%"修改为"50%"，如图3-9所示。

图3-9

07 单击"渲染到图像查看器"按钮，降低辅助光源强度后的效果如图3-10所示，场景整体的光影关系变得柔和自然。

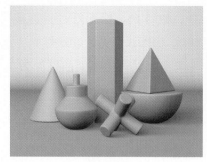

图3-10

08 在添加主光源和辅助光源后，场景主体部分具备了光影关系，但当前场景背景较暗并且几何群组和L型平面前后空间关系区分不明显。因此需要继续创建一个"区域光"对象，降低其灯光强度至30%，将其放置在几何群组对象上方作为背景/轮廓光源，如图3-11所示。

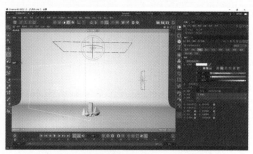

图3-11

09 单击"渲染到图像查看器"按钮，效果如图3-12所示，几何群组形成了较为柔和的轮廓高亮边缘，立体感和真实感更强。

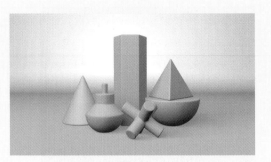

图3-12

3.2 Cinema 4D的灯光类型

在Cinema 4D 中，共有8种标准灯光类型，选择菜单栏中的"创建"→"灯光"命令，如图3-13所示。"灯光"子菜单中有常用的标准灯光命令，如灯光、聚光灯、目标聚光灯、无限光、区域光、PBR灯光、IES灯光、日光等，不同的灯光类型可以产生不同的灯光效果。

图3-13

3.2.1 灯光 ▽

灯光也称为点光源或泛光灯，是Cinema 4D 中常用的默认灯光类型，其光源为一个中心点，由中心点向四周均匀发散光线，随着距离的增加，灯光亮度逐渐减弱，类似生活中的照明灯泡，如图3-14所示，一般用来模拟壁灯、台灯、吊顶灯等。

在场景中创建4个"平面"对象，再创建一个灯光对象，将"平面"对象分别置于灯光对象的前后左右，4个平面在灯光照射下产生明暗变化，如图3-15和图3-16所示。

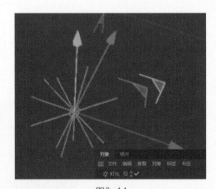

图3-14

图3-15

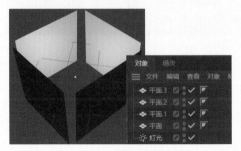

图3-16

3.2.2   点光 ⏷

　　点光也称为聚光灯，其光线朝向一个方向呈现锥形轨迹传播，外形类似圆锥。点光没有目标点，只能通过旋转改变灯光的角度，如图3-17所示。

　　在场景中创建1个"平面"对象，再创建一个点光对象，将"平面"对象置于点光照射的前方，平面在灯光照射下产生明暗变化，如图3-18和图3-19所示。

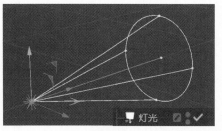

图3-17

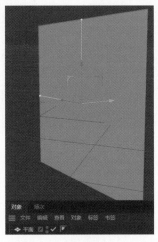

图3-18

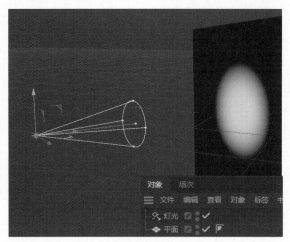

图3-19

3.2.3   目标聚光灯 ⏷

　　目标聚光灯是指灯光沿目标点方向发射的锥形轨迹聚光的光照效果，其灯光方向始终朝向一个目标对象，常用于模拟舞台灯光、汽车灯光、手电筒灯光。如图3-20所示。

　　在场景中创建1个"平面"对象，如图3-21所示，再创建一个目标聚光灯对象，将"平面"对象置于目标聚光灯照射的前方，平面在灯光照射下产生明暗变化，如图3-22所示。目标聚光灯可以通过移动"灯光目标"改变灯光的角度，如图3-23所示为移动"灯光目标"的上下位置从而改变照射角度。

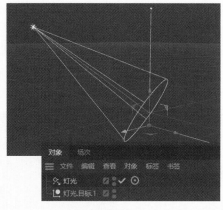

图3-20

1
2
3
4
5
6
7
8
9

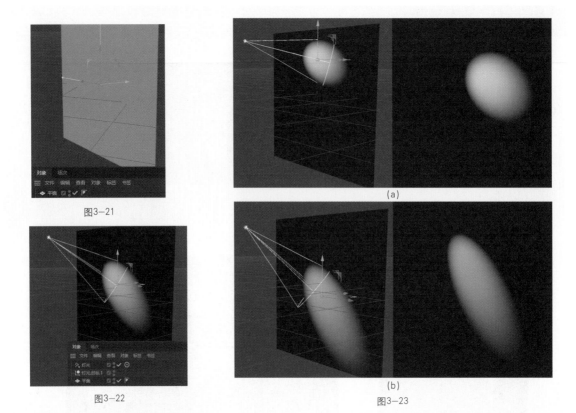

图3-21

图3-22

(a)

(b)

图3-23

3.2.4　无限光　▽

　　无限光也称为远光灯，是指沿特定方向传播的平行光线，无论距离远近，其灯光亮度保持不变，如图3-24所示。

　　在场景中创建3个"平面"对象，再创建一个无限光对象，将3个"平面"对象由近及远置于无限光照射的前方，平面在灯光照射下产生明暗变化，同时3个平面受到的照射亮度是一致的，如图3-25和图3-26所示。

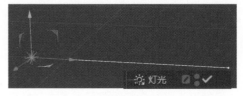

图3-24

图3-25

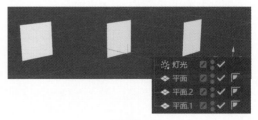

图3-26

3.2.5 区域光

区域光的光线沿着一定方向，向四周区域照射，形成矩形照射平面，光照亮度均匀柔和。在Cinema 4D中，区域光常用来模拟太阳光、室内灯光、产品反光板等，如图3-27 所示。

在场景中创建一组几何体，包括圆锥体、立方体、球体，再创建一个"平面"对象作为背景板，将创建好的区域光对象置于几何体群组的前方，几何体组群在灯光照射下产生明暗变化，如图3-28所示。为进一步观察，可在工具栏中单击"渲染到图像查看器"按钮，查看灯光效果，如图3-29所示。

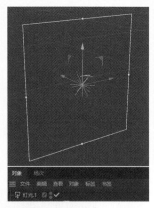

图3-27

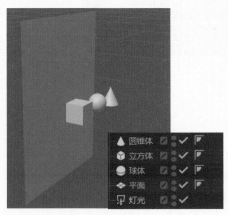

图3-28

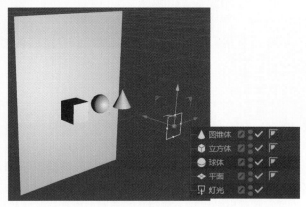

图3-29

3.2.6 PBR灯光

PBR灯光和区域光类似，属于物理照明灯光，默认为区域投影，灯光距离物体越远，亮度越弱，可作为反光板使用，如图3-30所示。PBR灯光是配合PBR材质和渲染设置中的ProRender渲染器一起使用，基于物理的灯光渲染会相较区域光更加真实，但是渲染速度较慢。Cinema 4D 2023版本默认不配套ProRender渲染器，可以通过从Maxon的官方网站上下载和安装该插件。

在场景中创建3个"球体"对象，再创建一个PBR灯光对象，将3个"球体"对象由近及远分别置于PBR灯光照射的前方，球体在灯光照射下产生明暗变化，且距离越远，照射亮度越弱，PBR灯光在距离上产生了衰减，如图3-31～图3-33所示。

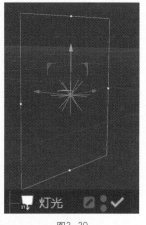

图3-30

1
2
3
4
5
6
7
8
9

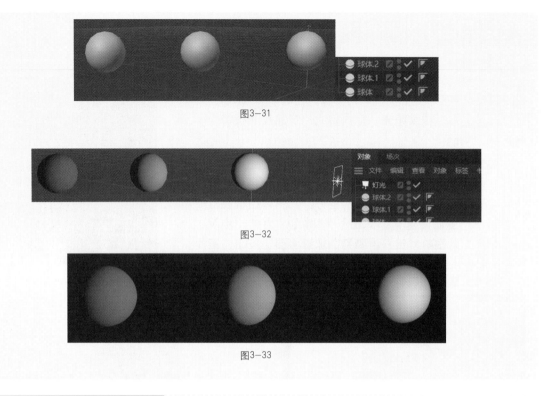

图3-31

图3-32

图3-33

3.2.7 IES灯光 ▼

IES灯光是一种需要IES光域文件的灯光类型，可以模拟出射灯、壁灯、台灯的效果。IES光域文件是模拟灯光的文件，存储着灯光的一种重要物理性质：光域网，其用于确定光在空气中发散的方式；展现出光线在一定的空间范围内所形成的特殊效果。打开本书配套的IES光域文件素材，各类型IES灯光如图3-34所示。

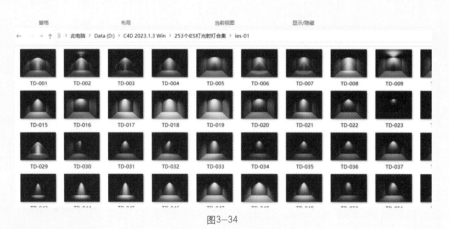

图3-34

在场景中创建一组几何体，其包括圆锥体、立方体、球体，再创建一个L形"平面"对象作为背景板，选择任意一种IES光域文件素材中的IES灯光类型对象，将其置于几何体群组上方，几何体组群在灯光照射下产生明暗变化，如图3-35～图3-37所示。

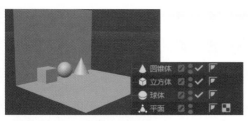

图3-35

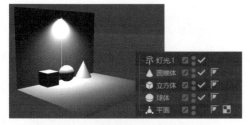

图3-36

图3-37

3.2.8   日光 ⊙

日光常用于模拟现实世界中的太阳光，带有色温，无法对日光对象执行移动、旋转等操作，只能通过修改其参数面板上的参数进行设置，如图3-38所示。

在场景中创建一组几何体，其包括圆锥体、立方体、球体，将一个L形"平面"对象作为背景板，再创建日光对象。在默认的参数设置中，几何体组群在日光照射下产生明暗变化，如图3-39和图3-40所示。

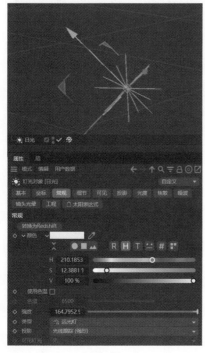

图3-38

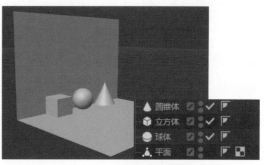

图3-39

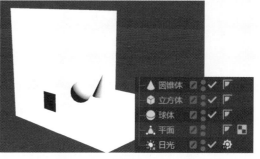

图3-40

3.2.9 使用不同灯光制作同场景的光照效果 ▼

◆使用区域光制作场景的阳光光照效果。

01 打开本书配套资源"Chapter3\素材文件\场景01.c4d",如图3-41所示。

微课：使用不同灯光制作同场景的光照效果（1）

图3-41

02 在菜单栏中选择"创建"→"灯光"→"区域灯光"命令，在场景中创建一个"区域光"，将其移动到画面所示位置，如图3-42所示。

图3-42

03 在"灯光对象"面板的"常规"选项卡中，设置"强度"为90%，"投影"为"阴影贴图（软阴影）"，如图3-43所示。

图3-43

04 切换到"细节"选项卡，设置"细节"选项区中的"外部半径"为1000cm，"水平尺寸"为2000cm，"垂直尺寸"为2000cm，如图3-44所示。

图3-44

05 在"投影"选项卡中设置"投影"为"阴影贴图（软阴影）"，"密度"为30%，"投影贴图"为1250×1250，"水平精度"为1250，如图3-45所示。

图3-45

06 单击工具栏中的"渲染到图像查看器"按钮，最终渲染效果如图3-46所示。

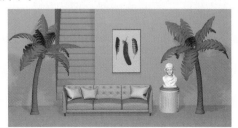

图3-46

◆使用目标聚光灯制作场景的舞台光照效果。

微课：使用不同灯光制作同场景的光照效果（2）

01 打开本书配套资源"Chapter3\素材文件\场景01.c4d"，选择"创建"→"灯光"→"目标聚光灯"命令，创建一个"目标聚光灯"，如图3-47所示。

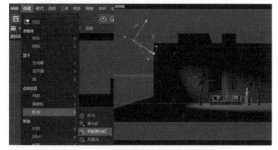

图3-47

02 选中"目标聚光灯"对象，在"灯光对象"面板的"常规"选项卡中设置"颜色"为红色，"强度"为70%，"投影"为"阴影贴图(软阴影)"，如图3-48所示。

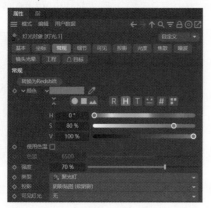

图3-48

03 选中"目标聚光灯"对象，在"灯光对象"面板的"细节"选项卡中设置"内部角度"为5°，"外部角度"为40°，如图3-49所示。

图3-49

04 单击工具栏中的"渲染到图像查看器"按钮，最终渲染效果如图3-50所示。

图3-50

05 继续再创建一个"目标聚光灯"对象，在"灯光对象"面板的"常规"选项卡中设置"颜色"为蓝色，"强度"为70%，"投影"为"阴影贴图(软阴影)"，如图3-51所示。

图3-51

06 选中"目标聚光灯"对象，在"灯光对象"面板的"细节"选项卡中设置"内部角度"为5°，"外部角度"为40°，如图3-52所示。

图3-52

07 单击"渲染到图像查看器"按钮，效果如图3-53所示。

图3-53

◆使用日光制作场景的黄昏光照效果。

图3-56

01 打开本书配套资源"Chapter3\素材文件\场景01.c4d",选择"创建"→"灯光"→"日光"命令，创建一个"日光"。选中"日光"对象，在"灯光对象"面板的"常规"选项卡中选中"使用色温"复选框，"颜色"变为橙黄色，"投影"为"阴影贴图(软阴影)"，如图3-54所示。

微课：使用不同灯光制作同场景的光照效果(3)

图3-54

02 继续选中"日光"对象，在"可见"选项卡中选中"使用衰减"复选框，在"投影"选项卡中将"密度"调整为60%，"投影"为"阴影贴图(软阴影)"，在"光度"选项卡中选中"光亮强度"复选框，在"焦散"选项卡中选中"表面焦散"复选框，如图3-55 ~ 图3-58所示。

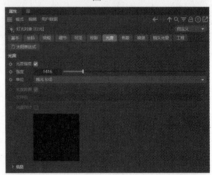

图3-57

图3-58

03 调整"太阳表达式"选项卡中的"时间"参数，选项卡改为三月份任意一天的下午五点至六点之间，"城市"选择为北京，"距离"调整为3000cm，如图3-59所示。

图3-55

图3-59

04 单击工具栏中的"渲染到图像查看器"
按钮，最终渲染效果如图3-60所示。

图3-60

3.3　灯光的基本属性

前文介绍了Cinema 4D的8种灯光类型，在创建每一类灯光对象后，属性面板会显示该
类灯光的参数。虽然Cinema 4D灯光参数众多，但各类型灯光对象的参数大部分是相同的。
创建一个灯光对象后，在"对象"面板中选中相应的灯光对象，可在界面右下角的"对象"
参数面板显示该灯光对象的基本属性，如
基本、坐标、常规、细节、可见、投影、
光度、焦散、噪波、镜头光晕、工程等，
如图3-61所示。这里以最常用的泛光灯、
区域光为例，详细介绍灯光的基本属性。

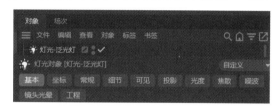

图3-61

3.3.1　常规

在"常规"面板中可以设置灯光的基本参数，如颜色、使用色温（色温）、强度、类型、
投影、可见灯光、没有光照、显示光照、环境光照、显示可见灯光、漫射、显示修剪、高光、
分离通道、GI照明、导出到合成，如图3-62所示。"常规"选项卡中的常用基本参数具体含义
如下。

◆颜色：用于设置灯光的颜色，默认为
纯白色，提供了"色轮""光谱""从图像取
色""RGB""HSV""开尔文温度""颜色混
合""十六进制""色块"的设置方式。

◆使用色温（色温）：选中该复选框后，拖
曳右侧的滑块可改变灯光的色温，滑块左侧是暖
色，滑块右侧是冷色。

◆强度：用于设置照亮场景的明亮程度，默
认值为100%。

◆类型：用于设置灯光的当前类型，如

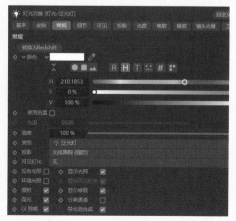

图3-62

1

2

3

4

5

6

7

8

9

图3-63所示。

◆投影：用于设置是否产生灯光的投影，以及投影的类型，包括"无""阴影贴图（软阴影）""光线跟踪(强烈)"和"区域"4种类型的投影。"无"是指被照物体是否有投影；"阴影贴图（软阴影）"是指通过整个场景的图形计算，模拟阴影，但不够真实，渲染速度快；"光线跟踪(强烈)"是真实投影，类似太阳光下的投影，为室外投影；"区域"是指近实远虚的投影，为室内投影，效果更贴近真实投影，渲染速度慢。

图3-63

◆可见灯光：选中该复选框后，光线是可见的，包括"无""可见""正向测定体积"和"反向测定体积"4种类型。其中，正向测定体积是指光线到被照主体之间的光可见，被照主体的背面不可见；反向测定体积是指光线到被照主体之间的光不可见，被照主体的背面可见。

◆没有光照：选中该复选框后，将不显示灯光效果。

◆显示光照：选中该复选框后，在视图中会显示灯光的控制器。

◆环境光照：选中该复选框后，物体表面的亮度相同。

◆漫射：选中该复选框后，将显示漫射效果。

◆显示修剪：在"细节"选项卡中，选中"近处修剪"和"远处修剪"复选框，可以对灯光进行修剪。

◆高光：选中该复选框后，将产生高光效果。

◆分离通道：选中该复选框后，在渲染场景时，漫射、高光和阴影将被分离出单独的图层，在"渲染设置"对话框中需要设置相应的多通道参数。

◆GI照明：即全局光照明，如果取消选中该复选框，场景中的物体将不会对其他物体产生反射光线。

具体案例如下。

01 打开本书配套资源"Chapter3\素材文件\场景02.c4d"，如图3-64所示。

微课：常规

02 在菜单栏中选择"创建"→"灯光"→"灯光"命令，在场景中创建一个"泛光灯"，将其移动到画面所示位置，如图3-65所示。

图3-64

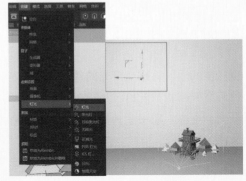

图3-65

03 在"灯光对象"面板中的"常规"选项卡中设置"强度"分别为50%、80%、100%，"投影"为"阴影贴图(软阴影)"，效果分别如图3-66~图3-68所示。

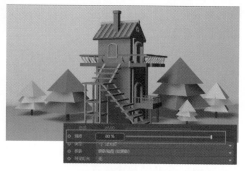

图3-67

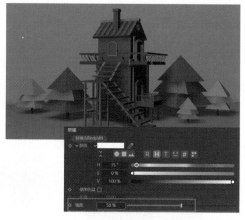

图3-66

图3-68

3.3.2 细节

对于部分特殊的灯光，Cinema 4D设置了一个"细节"选项卡，其中的参数因为灯光对象的不同而改变，以区分各种灯光的细节效果。以区域光为例，灯光的"细节"参数包含外部半径、宽高比、对比、投影轮廓、形状、水平/垂直尺寸、衰减角度、采样、增加颗粒（慢）、渲染可见、在视窗中显示为实体、在高光中显示、反射可见、可见度增加、衰减、内部半径、半径衰减、着色边缘衰减、仅限纵深方向、使用渐变、颜色，如图3-69所示。

区域光"细节"选项卡中的常用基本参数具体含义如下。

◆使用内部：当创建灯光类型为"点光"或"目标聚光灯"时，在"细节"选项卡中选中"使用内部"复选框即可调整灯光边缘的衰减。

◆对比：当光线照射到物体上时，物体

图3-69

的明暗变化会产生过渡效果。该参数用于控制明暗过渡的对比度，数值越大，物体表面的亮面和暗面反差越大。

◆外部半径：用于调整灯光的半径。一般创建的区域光对象为正方形，且"外部半径"数值越大，区域光对象越大，也可以使用缩放工具实现灯光对象的放大和缩小。

◆宽高比：灯光宽度和高度的比值，用于调整灯光的外形。

◆形状：除默认的矩形形状，区域光对象还提供了多种灯光形状，如图3-70所示。

◆衰减：现实世界中的光线会随着传播距离的增大产生衰减现象，即光线照射距离越远，灯光越暗。该参数包含"无""平方倒数（物理精度）""线性""步幅""倒数立方限制"5种类型，如图3-71所示，较常用的是"平方倒数（物理精度）"和"线性"两种类型。其中，区域光对象的"平方倒数（物理精度）"衰减类型呈一个球体形状向四周衰减。

图3-70

图3-71

◆内部半径/半径衰减：用于设置衰减的半径。选择"线性"衰减类型时，这两个参数才会被激活。衰减球体中会出现一个内部球体，用于进一步调整灯光的强弱，对灯光进行二次衰减控制，适用于对细节要求较高的灯光环境。

◆着色边缘衰减：当创建灯光类型为"聚光灯"时，选中该复选框后可以使用渐变，灯光从近到远会成为渐变色，打开灯光可见即可观察到光线的变化。

◆仅限纵深方向：选中该复选框后，光线将只沿着Z轴正方向发射。

◆使用渐变/颜色：用于设置衰减过程中的渐变颜色。

3.3.3 可见 ⊙

"可见"选项卡中的参数常用于控制灯光的衰减、内外部距离及添加特殊灯光效果，在"可见"选项卡中可设置的参数众多，包括使用衰减/衰减、使用边缘衰减、着色边缘衰减、内部距离/外部距离、相对比例、采样属性、亮度、尘埃、抖动、使用渐变/颜色、附加、适合亮度，如图3-72所示。"可见"选项卡中常用基本参数具体含义如下。

◆使用衰减/衰减：选中该复选框后，"衰减"参数才会被激活，灯光将会按照百分比的数值从光源起点到终点进行衰减。

图3-72

◆使用边缘衰减：只对聚光灯对象有效，用于控制可见光的边缘衰减。该复选框不选中则是边缘硬光，选中则可以设置散开边缘，决定散开的大小。

◆着色边缘衰减：只对聚光灯对象有效，对于带颜色的灯光，选中该复选框后，会有一个边缘到中心的混合放射状衰减效果，不选中则是简单的从前到后衰减。

◆内部距离/外部距离："内部距离"参数用于控制内部颜色的传播距离，"外部距离"参数用于控制可见光的可见范围。

◆相对比例：控制灯光在X、Y、Z轴上的可见范围。

◆采样属性：单位是cm，用于设置可见光的体积阴影被渲染计算的精细度。

◆亮度：调整可见光的百分比亮度。

◆尘埃：增加颗粒感，使可见光的亮度变得模糊。

◆抖动：设置光线的抖动，如尘埃、亮度的变化。

◆使用渐变/颜色：选中该复选框后，可以设置可见光的渐变颜色。

◆附加：选中该复选框后，当场景中存在多个光源时，光源将会被叠加到一起。

◆适合亮度：用于防止可见光曝光过度。选中该复选框后，可见光的亮度会被削减至曝光效果消失。

3.3.4　投影

投影指的是用一组光线将物体的形状投射到一个平面上去，"投影"面板是灯光参数中较为重要的一个参数面板，具体包括投影、密度、颜色、透明、修剪改变、采样精度、最小取样值、最大取样值，如图3-73所示。

"投影"面板中常用的基本参数具体含义如下。

◆投影：用于设置投影的类型，如图3-74所示包含4种类型。

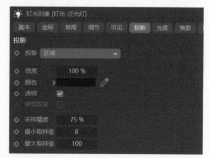

图3-73

◆密度：调节阴影强度。投影的密度百分比越大，阴影越厚实；投影的密度百分比越低，阴影越轻淡。

◆颜色：更改投影颜色，使物体和投影连接的地方更为贴合。

◆透明：对象材质设置透明或Alpha通道时，需要选中该复选框。用于检测物体透明材质，形成材质颜色透明感的投影，取消选中该复选框则为正常投影。

◆修剪改变：选中该复选框后，在"常规"面板中设置的"修剪"参数会被应用到阴影投射和照明中。

◆轮廓投影：选中之后围绕投影边缘产生轮廓。

◆投影椎体：选中之后投影产生变化。

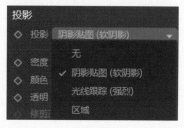

图3-74

◆采样精度/最小采样值/最大取样值：
用于控制区域投影的精度，数值越大，产生
的阴影越精确，如图3-75所示。

图3-75

具体案例如下。

01 打开本书配套资源"Chapter3\
素材文件\场景02.c4d"，如图3-76
所示。

微课：投影

图3-76

02 在菜单栏中选择"创建"→"灯
光"→"灯光"命令，在场景中创建一个
"区域光"，将其移动到画面所示位置，如
图3-77所示。

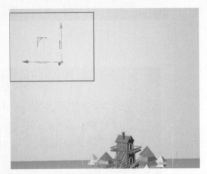

图3-77

03 在"灯光对象"面板的"投影"选项卡
中，设置"投影"类型分别为无、阴影贴图
（软阴影）、光线跟踪（强烈）、区域，效
果分别如图3-78～图3-81所示。

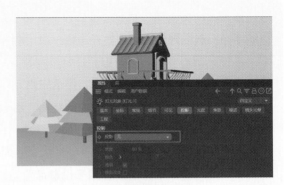

图3-78

图3-79

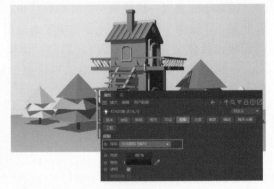

图3-80

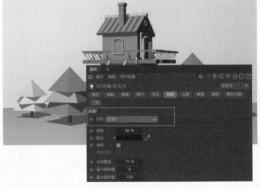

图3-81

3.3.5　光度

"光度"选项卡中的参数用于添加IES文件，只有创建IES文件之后，该参数面板才能被激活，参数值随IES灯光类型变化，如图3-82所示。

(a)　　　　　　　　　　　　　　　　(b)

图3-82

3.3.6　焦散

"焦散"是指当光线穿过一个透明物体时，由于对象表面的不平整，使得光线折射并没有平行发生，出现漫折射，投影表面出现光子分散。焦散是三维软件中的常用名词，其主要作用是产生水波纹的光影效果以追求真实，主要用于后期渲染，但渲染时间较长。"灯光对象"面板的"焦散"选项卡中的参数包括表面焦散/能量/光子、体积焦散/能量/光子、衰减/内部距离/外部距离，如图3-83所示。

图3-83

"焦散"选项卡中常用基本参数具体含义如下。

◆表面焦散/能量/光子：选中"表面焦散"复选框后，打开渲染设置中的表面焦散/体积焦散才能渲染出效果；能量是焦散效果的强度，"能量"数值越大，产生的焦散效果会越亮；光子数值越高，焦散效果越精确，光子的数量越多，焦散区域就越密集。一般光子数值在10000~10000000时最佳，光子数太多时会形成一整块白色区域。

◆体积焦散/能量/光子：选中"体积焦散"复选框后，打开渲染设置中的表面焦散/体积焦散才能渲染出效果，必须要打开可见光(正向可见)才能出现体积焦散，可以在渲染设置内设置参数，渲染速度较慢。能量和光子特性同表面焦散。

◆衰减/内部距离/外部距离：代表灯光在设置的距离区间内会进行焦散衰减，灯光离物体越近，焦散效果越明显。

1
2
3
4
5
6
7
8
9

3.3.7 噪波 ⊙

　　噪波是由黑白灰组成的不规则图案，灯光在添加噪波之后，可以产生明、灰、暗变化的照明效果，丰富照明层次。"噪波"参数类型包括无、光照、可见、两者，如图3-84所示。

　　"噪波"选项卡中的常用基本参数具体含义如下。

　　◆光照：灯光照射的地方会产生噪波的形状，可以通过"类型"下拉列表框中的"柔性湍流"进行设置。

　　◆可见：灯光可见的地方会产生噪波形状，打开"常规"选项卡中的灯光可见后可以观察到。

　　◆两者：灯光照射和灯光可见的地方都会有噪波的形状。

　　◆类型：可以改变噪波的形态，如图3-85所示包含4种类型。

　　◆速度：用于设置起始帧与结束帧进行渲染，调节噪波运动的速率，数值越大速度越大。

　　◆风力：分为X、Y、Z 3个轴向，用于设置不同轴向风的大小，影响噪波的运动方向。

图3-84　　　　　　　　　　　　　　　　　图3-85

3.3.8 镜头光晕 ⊙

　　"镜头光晕"选项卡用于模拟实际摄像机镜头的光影效果，渲染和改善画面气氛，调节其参数会出现不同形状和颜色的镜头光晕，如图3-86所示，其常用基本参数具体含义如下。

　　◆辉光：用于设置镜头光晕的类型，包含多种颜色和形状类型，如图3-87所示。

图3-86　　　　　　　　图3-87

　　◆亮度：用于设置所选辉光的亮度，该数值越高，辉光越亮，但过高容易产生曝光效果。

　　◆宽高比：用于设置所选辉光的宽度和高度的比例。

　　◆设置/编辑：单击"编辑"按钮，在"辉光编辑器"对话框中可以对辉光进行设置，修改辉光的类型、尺寸、形状、颜色等多种参数，如图3-88所示。

◆反射：用于为镜头光晕设置一个镜头光斑。结合"辉光"参数可以搭配出多种不同的效果，包含多种类型，如图3-89所示。

◆亮度：用于设置反射辉光的亮度。该数值越高，反射辉光越亮，默认为100%，可以超出100%，但不宜过高，过高会产生曝光效果。

◆宽高比：用于设置反射辉光的宽度和高度的比例。

◆编辑：单击"编辑"按钮，可以打开"镜头光斑编辑器"对话框，对反射辉光的相关参数进行设置，可以设置反射辉光元素的类型、位置、尺寸和颜色等，如图3-90所示。

◆缩放：用于调节镜头光晕和镜头光斑的尺寸。该数值越大，辉光和反射辉光的尺寸越大，默认为100%，可以超出100%，但不宜过高，过高会产生中心区域曝光效果。

◆旋转：用于调节镜头光晕的角度。

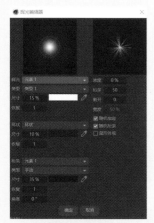

图3-88

图3-89

图3-90

3.3.9　工程 ▽

当场景中存在多种灯光时，可以通过调节"工程"选项卡中的参数对不需要的灯光、高光、投影、反射、漫射等效果进行人工排除，如图3-91所示，其常用基本参数具体含义如下。

图3-91

◆排除：在排除对象里拖入不想受到灯光照射影响的模型对象，灯光将不会对其产生效果。

◆对象：如果拖入了某个模型，后面会有代表漫射、高光、投影、层级结构的标签，如果把标签关掉，则代表不包括此标签对象的排除。

◆包括：选中该选项后，灯光不会对场景产生任何照明效果，只有拖入想受到灯光照射的模型，灯光才会对其产生效果。

1
2
3
4
5
6
7
8
9

3.4 HDR环境

HDR环境是Cinema 4D除了灯光以外的另外一种照明方式，即HDR（High-Dynamic Range）高动态光照渲染，HDR环境实际是一个大面积的球形贴图，合理运用环境会使场景得到更为真实的效果。HDR环境常用的种类包含：天空、物理天空、环境。

3.4.1 天空 ⊙

HDR环境类型中的天空可以为场景添加天空背景环境，在菜单栏中选择"创建"→"场景"→"天空"命令，即可创建一个"天空"对象。"天空对象"参数分为"基本"属性和"坐标"属性，如图3-92所示。

图3-92

Cinema 4D的场景背景默认是黑色，在菜单栏中选择"创建"→"场景"→"天空"命令，创建一个天空。继续选择"创建"→"材质"→"+新的默认材质"命令，创建一个新的默认材质，在"材质"面板"基本"选项卡中选中"发光"选项，将该发光材质赋予给"天空"，可以观察到物体所在环境由黑变亮，如图3-93所示。

图3-93

3.4.2 物理天空 ⊙

物理天空模拟了真实世界中太阳东升西落的光照效果，可以制作出不同国家、地区和城市在不同季节、时间段的多种情况下的室外光照效果。选择"创建"→"灯光"→"物理天空"命令，"物理天空"面板中的选项卡分为基本、坐标、时间与区域、天空、太阳、细节。

1. "时间与区域"选项卡

如图3-94所示，其基本参数具体含义如下。

◆时间：可以修改年月日和拖动钟表的指针来确定具体时间。

◆当前时间：选中该复选框后，即可选择当前使用软件时的时间。

◆今天：选中该复选框后，即可选择今天时间。

◆城市：可以设置不同国家、地区和城市类型，得到不同的时间和光照。

2."天空"选项卡

如图3-95所示，其基本参数具体含义如下。

◆物理天空：选中"物理天空"复选框后，背景会显示真实的天空渐变效果。

◆视平线：选中该复选框后，即可渲染出视平线区域。

◆颜色暖度：可以调整天空颜色的暖度。

图3-94

◆强度：可以控制灯光的亮度强弱，数值越大，亮度越强。

◆饱和度修正：饱和度数值越大，天空背景越鲜艳；饱和度数值越小，天空背景饱和度越小。

◆可见强度：可以设置背景的亮度，数值越大，背景越亮，但不会影响到灯光强弱。

◆浑浊：可以控制天空的浑浊程度，数值越大，浑浊程度越高。

◆臭氧（厘米）：可以设置大气臭氧含量，臭氧含量会影响最终的渲染效果。

3."太阳"选项

如图3-96所示，其基本参数具体含义如下。

◆预览颜色：用于设置太阳的颜色。

◆强度：用于设置灯光的强度，不影响天空亮度。

◆饱和度修正：饱和度数值越大，太阳照射出的色彩越深；饱和度数值越小，色彩越浅。

◆投影：用于设置太阳光对物体的投影类型、密度、颜色、透明度等。

4."细节"选项卡

如图3-97所示，该选项卡用于设置是否显示月亮、星体、行星等。

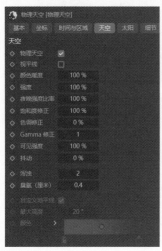

图3-95

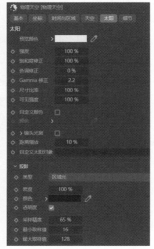

图3-96

图3-97

3.4.3 环境 ▽

通过"环境"命令可以改变场景所处环境的色彩和环境强度，选择"创建"→"场景"→"环境"命令，"环境对象"面板中的选项卡分为基本、坐标、对象，如图3-98所示。

分别将场景模型置于环境颜色为白、环境强度为0%和颜色为黄、环境强度为70%的两种环境下，可观察出不同的场景效果，如图3-99所示。

图3-98

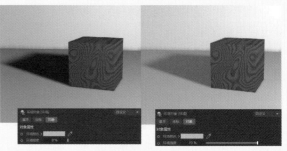

图3-99

3.4.4 使用物理天空制作场景不同时间的光照效果 ▽

本案例使用物理天空制作场景的日常光照效果。

01 打开本书配套资源"Chapter3\素材文件\场景03.c4d"，如图3-100所示。

微课：使用物理天空制作场景不同时间的光照效果（1）

图3-100

02 选择"创建"→"灯光"→"物理天空"命令，在透视视图中将其移动和旋转，如图3-101所示。

图3-101

03 选中"物理天空"对象,在"物理天空"面板的"时间与区域"选项卡中设置如图3-102（a）所示的相应参数；在"天空"选项卡中设置"强度"为100%，如图3-102（b）所示。

（a）

（b）

图3-102

04 单击"渲染到图像查看器"按钮，渲染效果如图3-103所示。

图3-103

本案例使用物理天空制作场景的清晨阳光效果。

微课：使用物理天空制作场景不同时间的光照效果（2）

01 打开素材文件"场景02"，选择"创建"→"灯光"→"物理天空"命令，创建物理天空，在透视视图中将其移动和旋转，如图3-104所示。

图3-104

02 选中"物理天空"对象，在"时间与区域"选项卡中设置相应参数；在"太阳"选项卡中设置"强度"为150%，如图3-105所示。

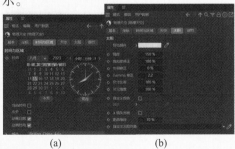

(a)　　　　(b)

图3-105

03 单击"渲染到图像查看器"按钮，渲染效果如图3-106所示。

图3-106

本案例使用物理天空制作场景的夜晚台灯效果。

微课：使用物理天空制作场景不同时间的光照效果（3）

01 打开素材文件"场景02"，选择"创建"→"灯光"→"物理天空"命令，在透视视图中将其移动和旋转，如图3-107所示。

图3-107

02 选中"物理天空"对象，在"时间与区域"选项卡中设置相应参数；在"天空"选项卡中设置"强度"为150%，如图3-108所示。

图3-108

03 选择"创建"→"灯光"→"灯光"命令，创建一个"灯光"对象，置于书桌台灯内，如图3-109所示。

图3-109

04 选中创建好的"灯光",设置其参数。在"常规"选项卡中设置"颜色"为浅黄色,"强度"为150%,"投影"为"阴影贴图(软阴影)";在"细节"选项卡中设置"衰减"为"平方倒数(物理精度)","半径衰减"为50cm,如图3-110所示。

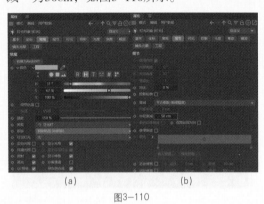

(a)   (b)

图3-110

05 在透视视图中的效果如图3-111和图3-112所示。

图3-111

图3-112

3.5　知识与技能梳理

　　灯光在三维设计作品中起到非常关键的作用,它不仅可以照亮场景环境,还用于烘托氛围,增强作品质感。通过学习Cinema 4D中的各类灯光属性、灯光工具、布光原理,可以模拟出现实世界中各式各样的灯光效果。而HDR环境则为场景添加更为真实的环境效果,可以非常便捷地用于照亮场景。需要注意的是,在运用灯光和环境时,除满足基本照明环境需求外,也要结合现实世界的灯光原理调整场景的基调和氛围,熟悉各类灯光与环境的属性以宏观控制整体的画面效果。

　　❯ 重要工具:场景、灯光。

　　❯ 核心技术:三点布光法、灯光属性、HDR环境。

　　❯ 实际运用:基本布光原理、不同时间段的灯光属性和环境属性设置与应用。

3.6　课后练习

一、选择题（共3题），请扫描二维码进入即测即评。

1. 活动视图中投影的开启方式为（　　）。

A. 在活动视图菜单栏中选择"选项"→"投影"命令

B. 主光源开启投影

C. 主光源开启投影，在活动视图菜单栏中选择"选项"→"投影"命令

D. 按快捷键Shift+R

2. 三点布光通常情况下包含（　　）。

A. 主光源、辅助光和背景/轮廓光

B. 主光源、辅助光和HDR

C. 主光源、辅助光和日光

D. HDR、辅助光和日光

3. 区域光的形状中不包括（　　）。

A. 矩形

B. 球形

C. 圆柱形

D. 圆环形

二、简答题

1. 简要说明常用光源类型。

2. 举例说明Cinema 4D常用的灯光类型。

3. 比较说明Cinema 4D中"物理天空"和"天空"的区别。

1
2
3
4
5
6
7
8
9

Chapter

材质与贴图

  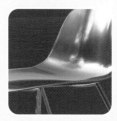  

　　在三维图像的设计应用中，物体的颜色、纹理、透明、光泽等特性都需要通过材质来表现，在材质表现中，除了调节材质的各种属性参数，还可以将真实的贴图信息直接赋予模型对象，贴图相当于纹理附着于材质表面，设置一个完整的材质贴图流程一般是先确定材质类型再添加贴图。

	知识点	学习目标			
		了解	掌握	应用	重点知识
学习要求	材质的创建与赋予		⚑		
	材质编辑器		⚑		
	Cinema 4D 的纹理投射			⚑	
	Cinema 4D 的 UV 贴图		⚑	⚑	
	Cinema 4D 的程序贴图			⚑	

能力与素养
目标

4.1　材质

在三维图像的设计应用中，材质是非常微妙而又充满魅力的部分，物体的颜色、纹理、透明度、光泽等特性都需要通过材质来表现，因此它在三维作品中发挥着举足轻重的作用。

4.1.1　材质的创建与赋予 ▽

在实际生活中存生各种各样的材质，如金属、石头、玻璃、塑料和木材等，在 Cinema 4D 的"材质"面板中可以创建新的材质，它们的调用可以用如下方法来完成。

第 1 种：选择"创建"→"材质"→"新的默认材质"菜单命令，如图 4-1 所示。

第 2 种：在"材质"窗口的空白区域双击，或者在"材质"窗口中按快捷键 Ctrl + N 来创建新材质，如图 4-2 所示。

图4-1　　　　　　　　　　　图4-2

用上述两种方法均可创建新的材质球，这是 Cinema 4D 的标准材质，也是最常用的材质。标准材质拥有多个功能强大的物理通道，可以进行外置贴图和内置程序纹理的多种混合和编辑，选择"创建"→"材质"→"材质"菜单命令，可以在弹出的子菜单中选择系统预置的其他类型材质。

> ● 技巧 提示
>
> 　当创建了材质且没有赋予场景中的任何对象时，可直接在"材质"面板中选中需要删除的材质，然后按 Delete 键删除即可。当材质已经赋予场景中的对象时，可在"对象"面板中单击材质的图标，然后按Delete键删除，此时只是将对象移除了材质，但材质还存在于"材质"面板中，选中材质后按Delete键删除即可。

在 Cinema 4D 中，材质的使用方法非常简单，只需在"材质"窗口中选择创建好的材质球，并将其拖至需要赋予材质的对象上即可，如图 4-3 所示。可以将材质球移至"对象"面板中的模型特征上，也可以长按鼠标左键，将材质球拖动至"对象"面板中的模型对象上，释放鼠标后，模型对象后方便添加了一个材质球标签，表示已赋予材质。如果要为多个模型特征添加材质，可以按住Ctrl键，然后在"对象"面板中移动材质标签，释放鼠标后所经过的模型特征均会被赋予材质，如图 4-4 所示。

1
2
3
4
5
6
7
8
9

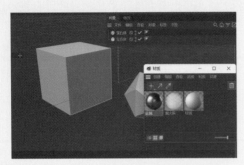

图4-3

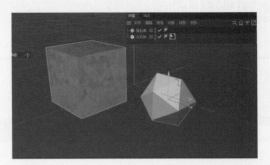

图4-4

4.1.2　材质编辑器

双击新创建的材质球，即可打开"材质"属性面板。该编辑器分为两部分：上方为材质预览区和材质通道，下方为通道属性，如图4-5所示。在上方选择对应材质属性后，下方就会显示该属性的设置参数。"材质"的基本属性有颜色、发光、反射、烟雾、法线、辉光、漫射、透明、环境、凹凸、Alpha等。

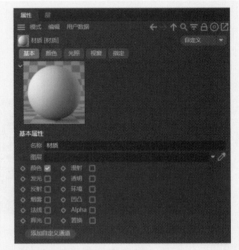

图4-5

1. 颜色

"颜色"属性用于设置材质的固有色，可以设置颜色、亮度、纹理等，如图4-6所示。"颜色"属性中的主要基本参数具体含义如下。

◆颜色：调节材质的固有颜色，H、S、V分别代表色相、饱和度、明度。

◆亮度：调节材质的颜色明暗度，滑块值在0% ~ 100%区间。

◆纹理：单击"纹理"右侧的 按钮，可添加噪波、渐变等纹理效果，如图4-7所示，其中比较常用的有如下几种。

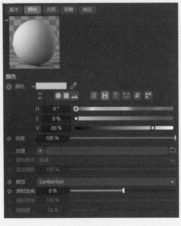

图4-6

图4-7

- 创建纹理：执行该命令将打开"新建纹理"对话框，用于自定义纹理。
- 复制着色器／粘贴着色器：这两个命令用于将通道中的纹理贴图复制、粘贴到另一个通道。
- 噪波：这是一种程序着色器，执行该命令后单击纹理预览图，如图4-8所示，在"着色器属性"设置区可设置噪波的颜色、相对比例、循环周期等，如图4-9所示。
- 渐变：单击纹理预览图，在"着色器属性"设置区，通过拖动滑块或双击均可更改渐变颜色，还可以更改渐变的类型、湍流等，如图4-10所示。在渐变着色器中，单击渐变两端的按钮便能打开"颜色拾取器"对话框，从而调整渐变的颜色。

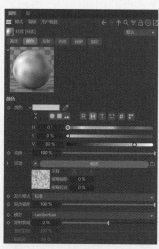
图4-8

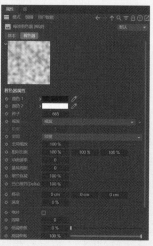
图4-9

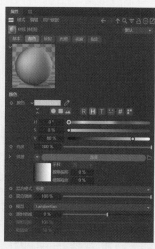
图4-10

- 菲涅耳（Fresnel）：在"着色器属性"设置区，通过调整滑块调色来控制"菲涅耳"属性，可模拟物体从中心到边缘的渐变、物理等属性的变化，如图4-11所示。
- 表面：提供多种物体的仿真纹理，如木材、金属等。在"着色器属性"设置区，包含木材类型和颜色等可调节的选项，如图4-12所示。

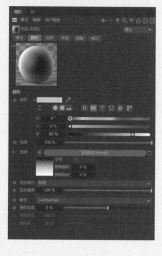
图4-11

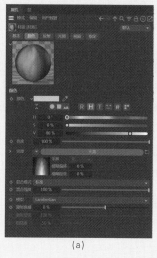
(a)

(b)

图4-12

1
2
3
4
5
6
7
8
9

2. 漫射

漫射是指光线被粗糙表面无规则地向各个方向反射的现象，又称为漫反射。对于很多物体，如植物、墙壁、衣服等，其表面粗看起来似乎是平滑的，但用放大镜仔细观察，就会看到其表面是凹凸不平的，所以本来是平行的太阳光被这些表面反射后，就弥漫地射向不同方向。通常物体呈现的颜色是漫反射的一些光色，这些光色作用于眼睛，从而使人们来确认物体的颜色及纹理。在"漫射"选项卡中可以设置亮度等，如图4-13所示。

3. 发光

用于目标对象发光，开启"发光"后，在"颜色"属性里设置的颜色就会失效，若需要物体发出指定的颜色光，可在"发光"选项卡中设置颜色即可，如图4-14所示。

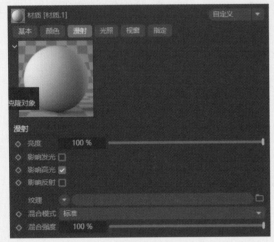

图4-13　　　　　　　　　　　　　　　　图4-14

> **● 技巧 提示**
>
> 发光材质不能完全替代灯光充当场景中的光源，在"渲染设置"中勾选"全局光照"渲染效果，发光材质才具备发光的作用。

4. 透明

物体的透明度可由颜色的明度和亮度信息定义，通常使用"透明"选项卡可以制作玻璃与液体效果，如图4-15所示。纯透明的物体不需要颜色通道，用户若想表现彩色的透明物体，则可以通过"颜色"选项调节物体颜色。折射率是调节物体折射强度的，直接输入数值即可。"透明"选项卡中的主要基本参数具体含义如下。

◆颜色：用于调整透明效果的颜色。

◆亮度：调节透明效果的显示强度，如图4-16所示，在启用"颜色"通道的情况下比较亮度效果。

◆折射率：折射是光穿过物体所产生的变化效果，并非每个物体都有折射。在"折射率预设"下拉菜单中可选择多种材质的折射率，不同材质产生光的变化效果不同，不同的材质相应折射率的具体参数随之改变。

◆全内部反射：又称全反射，是一种光学现象。当光线从较高折射率的介质进入到较低折射率的介质时，如果入射角大于某一临界角（光线远离法线）时，折射光线将会消失，所有的入射光线将被反射而不进入低折射率的介质。

◆双面反射：是两个面结合部位产生面的反射。

◆菲涅尔反射率：用于控制菲涅耳反射的强度。

◆附加：如果材质有颜色，颜色会随着透明度的增加而自动减少，以模拟真实的效果，如图4-17所示。

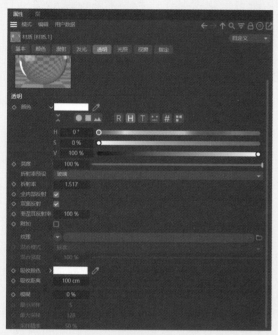

图4-15

(a) 亮度为100%

(b) 亮度为50%

图4-16

(a) 有颜色、不开启附加、亮度为100%

(b) 有颜色、开启附加、亮度为100%

图4-17

◆纹理：可以调节透明效果分布，若调整混合模式为附加，则可实现有色玻璃效果。

◆吸收颜色／吸收距离：设置的吸收颜色添加在材质球表面，吸收距离值越低，吸收颜色越强。

◆模糊：即毛玻璃效果，最大采样、最小采样、采样精度3个参数越高，模糊效果越准确。

5. 反射

光滑物体的表面会呈现明显的高光，如玻璃、金属、车漆等，而表面粗糙的物体，其高光则不明显，如瓦片、砖块、橡胶等。这是光线反射的结果，光滑的物体能"镜射"出光源形成高光区，当物体表面越光滑，对光源的反射就越清晰，所以在三维材质编辑中，越光滑的物体高光范围越小，亮度越高。当高光清晰程度接近光源本身时，物体表面就会"镜射"出接近周围环境的面貌，从而产生反射。"反射"通道是Cinema 4D重要属性之一，如图4-18所示。"反射"选项卡中的主要基本参数具体含义如下。

◆层："反射"通过层来控制不同的反射效果，为获得多种反射效果，可单击"添加"按钮加载多种反射类型，如图4-19所示。

◆全局反射亮度：调整所有反射层的强度，数值越大，反射效果越强。

◆全局高光亮度：调整所有反射层的总体高光亮度，数值越大，高光效果越强。

99

◆类型：用于设置高光的类型，如图 4—19 所示。

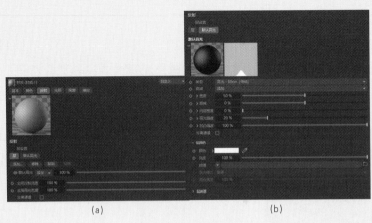

(a)　　　　　　　　　　(b)

图4—18　　　　　　　　　　图4—19

◆衰减：可以设置高光的两种方式。

◆内部宽度：用于调节高光区域的高光宽度。

◆高光强度：用于调节高光区域的高光强度。

◆凹凸强度：用于设置材质凹凸的强度。

6. 凹凸

在"凹凸"选项卡中可以通过调节纹理贴图的黑白信息定义凹凸强度，通过"强度"参数定义凹凸显示强度，加载纹理可确定凹凸形状，此凹凸只是视觉意义上的凹凸，对物体法线没有影响，是一种"假"凹凸，在表现上，凹凸贴图可以表现出有限的凹凸感，但无法表现出准确的光线反射，如图 4—20 所示。"凹凸"选项卡中的主要基本参数具体含义如下。

◆强度：强度值越高，表面越粗糙。强度分别调整为 10% 和 90% 时，如图 4—21 所示。

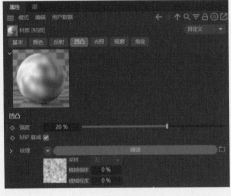

(a) 强度调整为10%　　　(b) 强度调整为90%

图4—20　　　　　　　　　图4—21

◆纹理：单击"纹理"右侧的█按钮，在弹出的下拉菜单中选择相应选项，即可添加贴图纹理，此处的凹凸起伏效果是由图像的灰度值所决定。

7. 法线

法线属性需要载入法线纹理或法线贴图才可以使用，其与凹凸属性都可使对象产生凹凸起伏的效果，但法线贴图能够表现出准确的光线反射，用于模拟更为逼真的纹理效果，如图4-22所示。"法线"选项卡中的主要基本参数具体含义如下。

◆强度：调节法线贴图的强度，但法线贴图的强度并非越高越真实，太高反而不真实。强度分别调整为100%和500%时，如图4-23所示。

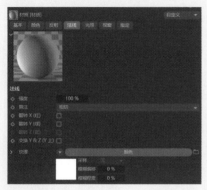

图4-22

(a) 强度调整为100%

(b) 强度调整为500%

图4-23

◆算法：有"相切""对象""全局"3种。其中，相切算法是最常用的方法，法线方向是相对于底层表面定义的，不依赖于模型本身、也不依赖于模型所处的坐标系。对象算法的法线信息基于模型空间，是一种绝对位置，一旦模型发生形变，则该贴图信息就是错误的。全局算法的使用效率很高，但是物体一旦没有保持原来的方向和位置，也会产生错误。

◆翻转 X（红）／翻转 Y（绿）／翻转 Z（蓝）／交换 Y & Z（Y 上）：当启用这些选项后，可以提升法线纹理的兼容性。对于相切算法来说，如果法线纹理主要是浅绿色，则激活交换 Y 和 Z（Y 上）；如果法线纹理主要是浅蓝色，则停用交换 Y 和 Z（Y 上）。

◆纹理：可以在纹理中载入不同种类的法线贴图。

● 技巧 提示

　　在Cinema 4D中，创建材质只是渲染工作的开始。为了达到理想的效果，通常需要通过不断地尝试，才能得到最后所需的结果。一般来说，创建材质可以遵循以下步骤。

　　(1) 使用自带的初始材质来尝试渲染并根据结果修改参数。

　　(2) 自定义材质。如果改动量比较大，则可以使用"材质编辑器"来定义新的材质，重新考虑其关键属性，如自发光、凹凸、透明度等。

　　(3) 创建材质。材质为材料的表面特性，包括颜色、纹理、反射光（亮度）、透明度、折射率等。此外，也可以从现成的材质库中调用真实的材质，如钢铁、塑料、木材等。

　　(4) 将材质附着在模型对象上，可以根据对象或图层附着材质。

　　(5) 添加背景或雾化效果。

　　(6) 如果需要，可以调整渲染参数。例如，可以使用不同的输出品质来渲染。

　　(7) 添加材质，渲染图形。

　　上述步骤仅供参考，并不一定要严格按照该步骤进行操作，读者可以根据自己的操作习惯进行调整。另外，在得到渲染结果后，可能会发现某些地方需要修改，这时可以返回前面的步骤进行操作。

4.1.3 课堂案例：使用反射制作塑料小树

材质样式繁多，双击新创建的材质球，打开"材质编辑器"，即可通过对基础材质的调节调整为所需材质。几种常用基础材质的调节方法如下。

微课：使用反射制作塑料小树

01 打开本书配套资源"Chapter4\ 素材文件 \ 小树 .c4d"，如图 4-24 所示。

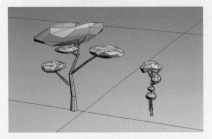

图4-24

02 选择"创建"→"材质"→"＋新的默认材质"命令，新建一个材质球，命名为"塑料 1"，双击该材质球，弹出"材质"窗口，修改参数。选中"颜色"复选框，设置"颜色"为绿色，"模型"为 Oren-Nayar，"漫射衰减"为 20%，"粗糙度"为 40%，如图 4-25 所示。

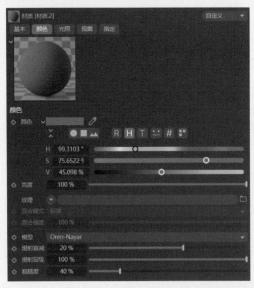

图4-25

03 在"反射"选项卡中设置"全局反射亮度"为100%，"全局高光亮度"为100%，"宽度"为30%，"高光强度"为 80%，如图 4-26 所示。

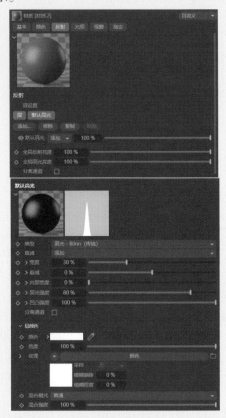

图4-26

04 在"反射"选项卡中单击"添加"按钮，在弹出的下拉菜单中选择"反射（传统）"命令，加载"反射（传统）"，如图 4-27 所示。

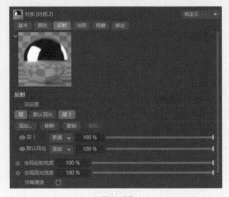

图4-27

05 选择添加后的"层1",设置其"粗糙度"为20%,"高度强度"为0%,"亮度"为20%,如图4-28所示。

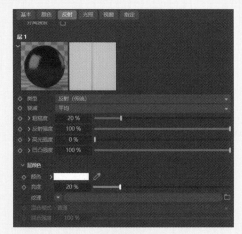

图4-28

06 调整"层1"和"默认高光"的顺序,如图4-29所示。

(a) 材质调整前　　　(b) 材质调整后

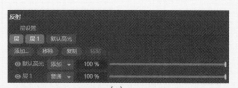

(c)

图4-29

07 材质设置完成后,将材质球直接拖动到小树模型上,并将剩余模型赋予材质,塑料小树材质制作完成。

08 选择模型,在"修改"选项卡的"修改器列表"中选择并加载"Cloth"修改器,然后展开"对象"卷展栏,单击"对象属性"按钮,在弹出的菜单中,选择"布料",选择Box001,将"压力"设置为4。

09 在"Cloth"修改器中,展开"模拟参数"卷展栏,取消选中"重力"复选框。展开"对象"卷展栏,在"模拟"选项组中选中"模拟局部"复选框。最终效果图如图4-30所示。

图4-30

4.1.4 课堂案例:使用反射和透明制作玻璃瓶

01 打开本书配套资源"Chapter4\ 素材文件 \ 玻璃瓶 .c4d",如图 4-31 所示。

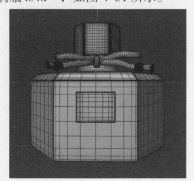

图4-31

02 选择"创建"→"材质"→"+新的默认材质"命令,新建一个材质球,命名为"玻璃材质",如图4-32所示。

微课:使用反射和透明制作玻璃瓶

图4-32

03 双击该材质球,在"材质"窗口的"颜色"选项卡中将"颜色"设置为灰色,如图 4-33 所示。

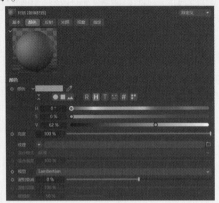

图 4-33

04 在"反射"选项卡中,设置"宽度"为 25%,"衰减"为 -10%,"高光强度"为 100%,如图 4-34 所示。

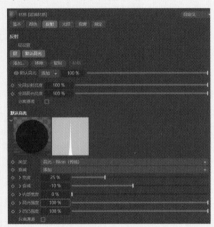

图 4-34

05 单击"添加"按钮,在弹出的下拉菜单中选择"反射(传统)"命令,加载"反射(传统)",如图 4-35 所示。

图 4-35

06 单击新增的"层 1"按钮,设置"粗糙度"为 0%,"高光强度"为 0%,"亮度"为 0%,"纹理"选择"菲涅耳(Fresnel)",如图 4-36 所示。

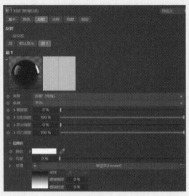

图 4-36

07 选中"透明"复选框,在"透明"选项卡中设置"折射率"为 1.6,如图 4-37 所示。

图 4-37

08 单击"反射"选项区中的"透明度"按钮,设置"类型"为"反射(传统)","粗糙度"为 0%,如图 4-38 所示。

图 4-38

09 将玻璃材质赋予玻璃瓶模型的"外层"，并继续添加模型的其他材质，如图4-39所示。

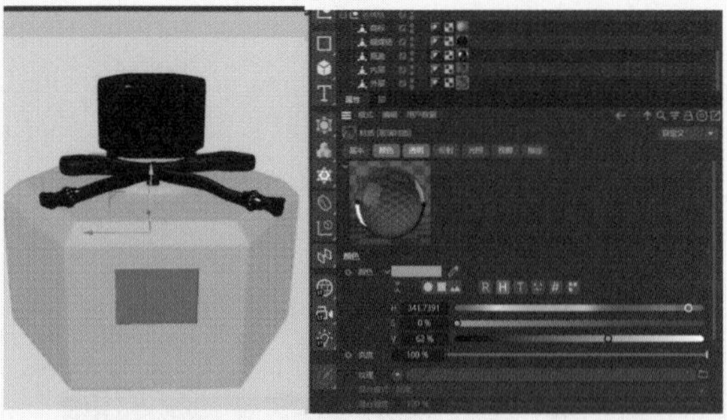

图4-39

10 单击"渲染到图像查看器"按钮，玻璃瓶渲染后的效果如图4-40所示。

图4-40

4.1.5 课堂案例：制作金属材质座椅

◆银色金属材质

01 打开本书配套资源"Chapter4\素材文件\椅子.caj"，如图4-41所示。

微课：制作金属材质座椅（1）

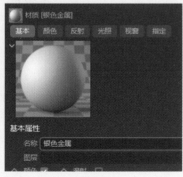

图4-41

02 在"材质"面板中双击创建一个材质，打开"材质"窗口，将文件命名为"银色金属"，如图4-42所示。

图4-42

03 在"颜色"选项卡中，设置"颜色"为黑色，如图4-43所示。

图4-43

04 在"反射"选项卡中，设置默认高光的"宽度"为45%，"衰减"为-10%，"高光强度"为100%，如图4-44所示。

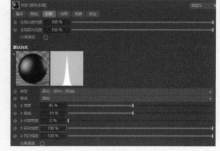

图4-44

1
2
3
4
5
6
7
8
9

105

05 在"反射"选项卡中单击"添加"按钮，在弹出的下拉菜单中选择"反射（传统）"命令加载"反射（传统）"，如图4-45所示。

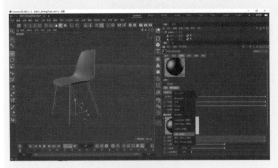

图4-45

06 单击新增的"层1"按钮，设置"粗糙度"为30%，"高光强度"为0%，"颜色"为白色，"混合强度"为50%，单击"纹理"右侧的下拉按钮，在弹出的下拉菜单中选择"菲涅耳(Fresnel)"命令加载"菲涅耳(Fresnel)"，如图4-46所示。

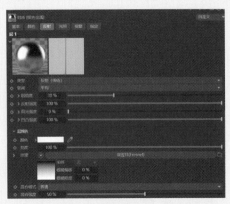

图4-46

07 在"反射"选项卡"层"中调整"默认高光"和"层1"的顺序，将"默认高光"置于"层1"上方，如图4-47所示。

图4-47

08 将银色金属材质赋予椅子模型。在"Cloth"修改器中，展开"模拟参数"卷展栏，取消选中"重力"复选框，展开"对象"卷展栏，在"模拟"选项组中选中"模拟局部"复选框，效果图如图4-48所示。

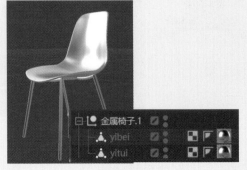

图4-48

09 单击"渲染到图像查看器"按钮，渲染后的效果如图4-49所示。

图4-49

10 导出模型文件为 PNG 格式后，导入Photoshop 中进行后期处理，效果如图4-50所示。

图4-50

◆金色金属材质

金色金属材质和银色金属材质的区别是需要调整金属的颜色。具体操作步骤如下：

微课：制作金属材质座椅（2）

01 在"材质"面板中双击创建一个材质，打开"材质"窗口，将文件命名为"金色金属"，如图4-51所示。

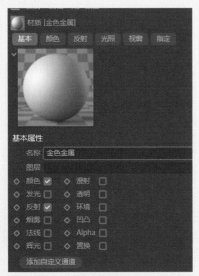

图4-51

02 选中"颜色"复选框，在"颜色"选项卡中设置"颜色"为黑色，如图4-52所示。

图4-52

03 选中"反射"复选框，在"反射"选项卡中，设置默认高光的"宽度"为30%，"衰减"为-10%，"高光强度"为100%，如图4-53所示。

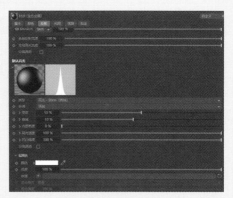

图4-53

04 在"反射"选项卡中单击"添加"按钮，在弹出的下拉菜单中选择"反射（传统）"命令，加载"反射（传统）"，如图4-54所示。

图4-54

05 单击新增的"层1"按钮，设置"粗糙度"为8%，"高光强度"为0%，"颜色"为浅黄色，"混合强度"为20%，单击"纹理"右侧的下拉按钮，在弹出的下拉菜单中选择"菲涅耳（Fresnel）"命令，加载"菲涅耳（Fresnel）"，如图4-55所示。

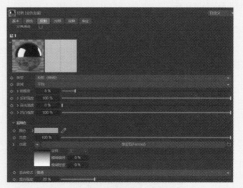

图4-55

06 在"反射"选项卡"层"中调整"默认高光"和"层1"的顺序，将"默认高光"置于"层1"上方，如图4-56所示。

图4-56

07 将金色金属材质赋予椅子模型，效果如图 4-57 所示。

图4-57

08 单击"渲染到图像查看器"按钮，渲染后的效果如图 4-58 所示。

图4-58

09 导出模型文件为 PNG 格式后，导入 Photoshop 中进行后期处理，最终效果如图4-59 所示。

图4-59

4.2 Cinema 4D的纹理投射

在 Cinema 4D 的材质表现中，还可以通过真实的贴图信息将材质赋予模型，在对模型赋予材质后，对象窗口会出现"材质标签"图标，单击"材质标签"，在该视窗下方展开其属性面板，如图 4-60 所示，其中纹理投射有 9 种投射方式。

图4-60

4.2.1 常用的纹理贴图 ▽

Cinema 4D 中自带了一些纹理贴图，可以方便用户直接调取使用。以下对常用的纹理贴图进行介绍。

1. 球状

球状投射是将纹理贴图以球状投射在对象上，适用于球体对象。首先创建一个对象"球体"，再创建一个新的材质，在"材质"面板"颜色"选项卡中单击"纹理"右侧的下拉按钮，在弹出的下拉菜单中选择"表面"→"棋盘"命令，在"棋盘着色器"面板"着色器"选项卡中将"U 频率"和"V 频率"都修改为 4，并将材质指定给球体对象，棋盘纹理被均匀地投射在球体对象上，如图 4-61 所示。

2. 柱状

柱状投射是将纹理贴图以柱状投射在对象上，适用于柱状对象。首先创建一个对象"圆柱体"，再创建一个新的材质，在"材质"面板"颜色"选项卡中单击"纹理"右侧的下拉按钮，在弹出的下拉菜单中选择"表面"→"棋盘"，单击"纹理"右侧的下拉按钮，在弹出的下拉菜单中选择命令，在"棋盘着色器"面板"着色器"选项卡中将"U 频率"和"V 频率"都修改为 4，并将材质指定给圆柱体对象，棋盘纹理被均匀地投射在圆柱体对象的侧面和上下两面，如图 4-62 所示。

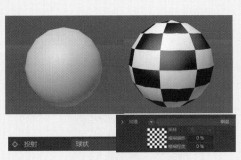

图4-61

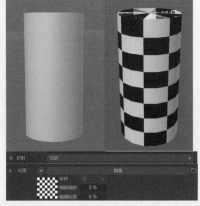

图4-62

3. 平直

平直投射是将纹理贴图以平面形式投射在对象上，适用于平面对象。默认的平直纹理贴图方向在实际制作过程中不一定符合需求，如果平面对象需要被赋予水平方向的木纹材质贴图，则需单击界面上侧图标栏中的纹理图标，在纹理模式下，利用旋转工具将原本垂直的纹理贴图旋转 90°，才能得到纹理和所需平面匹配的水平效果，如图 4-63 所示。

4. 前沿

前沿投射是将纹理贴图以视图的视角投射到对象模型上，即投射的纹理贴图会随着视角的变换而变换，而其他类型所投射的纹理贴图都是固定在模型对象之上，不会随着视角变换产生变换。创建"地形"对象和棋盘纹理，分别变换视图 3 个方向，纹理贴图会随着视角的变换而变换，并非固定不动，如图 4-64 所示。

5. UVW 贴图

材质的纹理贴图默认都采用 UVW 贴图投射方式，当采用不同的模型对象时，UVW 贴图投射会产生均匀和错乱两种情况。一般来说，规则模型对象采用 UVW 贴图投射是均匀的，不规则模型

1
2
3
4
5
6
7
8
9

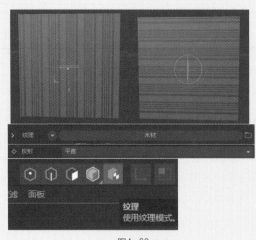

图4-63

图4-64

对象采用 UVW 贴图投射是错乱的，此时需要将不规则模型对象转化为可编辑对象，让其有 UVW 坐标轴进入 UVW 面板绘制贴图，从而得到适合 UVW 贴图投射的正确纹理，如图 4-65 所示，具体在下一节 UVW 贴图制作案例详细说明。

6. 收缩包裹

收缩包裹投射是将纹理贴图的中心固定到一点，将剩余部分拉伸后覆盖对象模型，如图 4-66 所示。

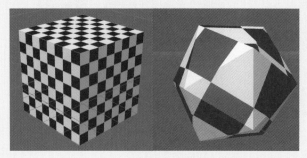

图4-65

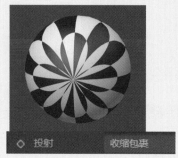

图4-66

4.2.2　课堂案例：使用UVW贴图制作花卉

01 打开本书配套资源 "Chapter4\ 素材文件 \ 花卉 .c4d"，如图 4-67 所示。

微课：使用
UVW 贴图
制作花卉

图4-67

02 选择"创建"→"材质"→"+ 新的默认材质"命令，新建一个材质球，命名为"花卉"，如图 4-68 所示。

图4-68

03 将材质球添加至花卉对象后方，单击该材质球标签，在"材质标签"面板"标签"选项卡中，设置"投射"为"UVW 贴图"，如图 4-69 所示。

图4-69

04 在"材质"窗口中选中"颜色"复选框，单击"纹理"右侧的下拉按钮，在弹出的下拉菜单中选择"加载图像"命令，添加本书配套资源中的花卉位图贴图素材文件，如图 4-70 所示。

图4-70

05 在"反射"选项卡中设置"默认高光"为10%，"宽度"为25%，"衰减"为-25%，"内部宽度"为25%，"高光强度"为100%，如图 4-71 所示。

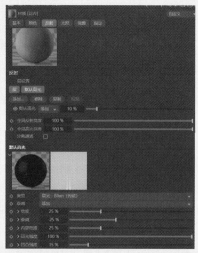

图4-71

06 在"反射"选项卡中单击"添加"按钮，在弹出的下拉菜单中选择"反射（传统）"命令，加载"反射（传统）"，如图 4-72 所示。

图4-72

07 单击新增的"层 1"按钮，设置"粗糙度"为5%，"高光强度"为0%，"亮度"为0%，"混合强度"为20%，"数量"为10%；单击"纹理"右侧的下拉按钮，在弹出的下拉菜单中选择"菲涅耳 (Fresnel)"命令，加载"菲涅耳 (Fresnel)"，并选中"菲涅耳 (Fresnel)"中的"物理"复选框，如图 4-73 所示。

1
2
3
4
5
6
7
8
9

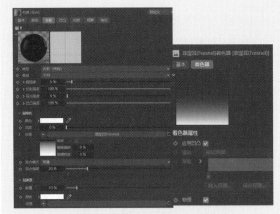

图4-73

08 在"材质器"窗口中选择"凹凸"选项卡，单击"纹理"右侧的下拉按钮，在弹出的下拉菜单中选择"加载图像"命令，添加本书配套资源中的花卉纹理位图贴图素材文件，如图4-74所示。

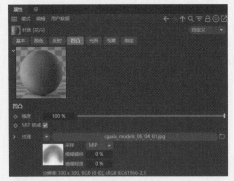

图4-74

09 将花卉材质赋予花瓣，如图4-75所示。

图4-75

10 继续使用上述方式添加模型的花蕊、花叶、花瓶材质，单击"渲染到图像查看器"按钮，渲染后的效果如图4-76所示。

图4-76

4.3 Cinema 4D的UV贴图

在创建复杂的模型材质时，通过纹理投射添加纹理的方式往往无法达到想要的真实效果，这时需要使用UV贴图。UV是UVW的简称，类似三维模型的XYZ坐标轴，UV定义了图片上每个点的位置信息，是物体表面具有的贴图属性。由于X、Y和Z已在三维空间中使用，U和V就被用于表示二维空间纹理贴图的坐标水平轴和垂直轴。利用软件把三维的面合理地平铺在二维画布上的过程就称为展UV，也称为UV拆解。每个三维模型都是由一个个面构成，UV拆解的工作原理就是将这些三维形体拆解一个个二维的面，从而可以更方便地进行贴图工作。对于复杂模型一般会采用专业的UV展开软件，如UVlayout和Unfold3D。Cinema 4D自带的UV编辑模式可处理一般模型，如图4-77所示

图4-77

为 Cinema 4D 官方网站所呈现的雕塑模型 UV 贴图示例。

4.3.1　UV的展开

01 创建一个立方体对象，如图 4-78 所示。

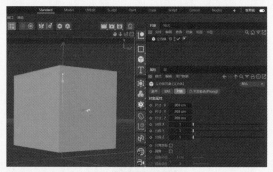

图4-78

02 将立方体转化为可编辑对象，"对象"窗口中出现"UVW 标签"，如图 4-79 所示。该标签存储了立方体模型对象平面化的坐标。

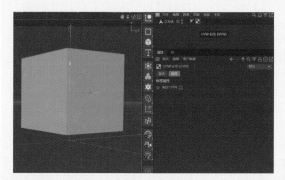

图4-79

03 选择界面右上方的"UVEdit"，Cinema 4D 界面发生了改变，如图 4-80 所示。

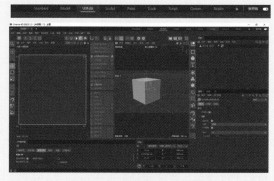

图4-80

04 此时，立方体的 6 个面在 UV 编辑器中以一个重叠的整面显示，如图 4-81 所示。

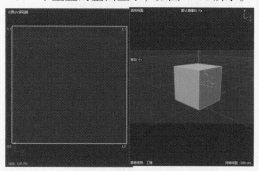

图4-81

05 选择"文件"→"保存纹理"命令，设置文件格式为"PNG"，将当前纹理保存在文件夹中，如图 4-82 所示。

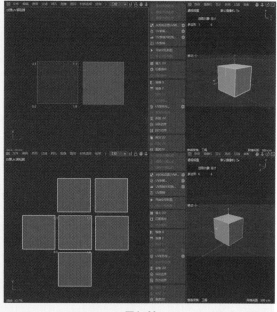

图4-82

06 此时 6 个面是完全分割展开的。删除上述"对象"中立方体后方的"UVW 标签",选择立方体中全部面,在界面中单击"从投射设置 UVW"按钮,修改"投射类型"为"前沿",如图 4-83 和图 4-84 所示。

图4-83

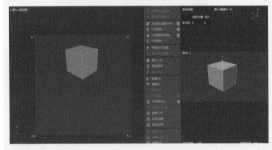

图4-84

07 在边模式下,选择需要展 UV 的切割线,如图 4-85 所示。

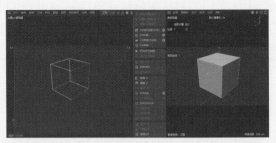

图4-85

08 单击"UV 拆解"按钮,效果如图 4-86 所示。高亮白边表示裁切的痕迹。

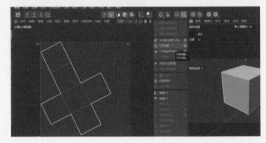

图4-86

09 最后移动和旋转 UV 编辑器中的展开面,此时 6 个面是完全分割展开且相连接的,便于添加纹理贴图,如图 4-87 所示。

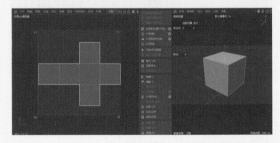

图4-87

4.3.2　UV 纹理导出

01 在 UV 视图选择"文件"→"新建纹理"命令,如图 4-88 所示。

图4-88

02 在打开的"新建纹理"对话框中修改合适的尺寸和颜色，如图 4-89 所示。

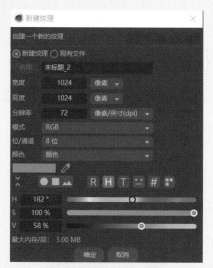

图4-89

03 立方体对象和 UV 界面如图 4-90 所示。

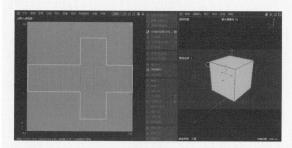

图4-90

04 选择"图层"→"创建 UV 网格层"命令，在透视图中，立方体的边呈现白色，如图 4-91 所示。添加网格层后才会出现真实的 UV 框线，以方便后期做贴图参考位置。

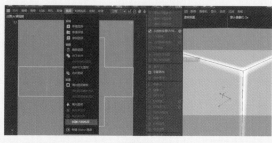

图4-91

05 选择"文件"→"保存纹理"命令，将文件格式修改为"PNG"，将当前纹理保存在文件夹中，如图 4-92 所示。

图4-92

06 在文件夹中可以找到已经保存好的 PNG 图片，如图 4-93 所示。

图4-93

4.3.3 UV 纹理编辑和使用 ⊙

01 参照 PNG 图片中的 UV 网格线，使用后期软件把需要的贴图放到合适的位置，隐藏 UV 网格层，导出 JPG 或 PNG 格式贴图，如图 4-94 所示。

图4-94

02 单击 Cinema 4D 界面 的 标准 编 辑 模 式

Standard 按钮，新建材质球，在其"颜色"面板中"纹理"选项载入上述保存好的贴图，将材质球赋予立方体对象即可，如图 4-95 所示。

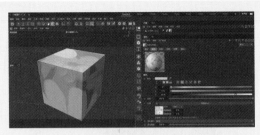

图4-95

03 单击"渲染到图像查看器"按钮，UV 贴图渲染后的效果如图 4-96 所示，立方体中面与面之间的图案能够按照上述展 UV 的方式连续衔接。

图4-96

4.4 Cinema 4D的程序贴图

　　Cinema 4D 纹理贴图除了通过投射和 UV 来实现外，还可以使用程序贴图，其中常用的类型包括渐变、菲涅尔、图层、表面等。

4.4.1 常用的程序贴图 ⊙

常用的程序贴图介绍如下。

1. 渐变

渐变贴图是可以让多种颜色进行渐变效果的变换分布，可通过改变渐变中的滑块颜色和类型来实现，参数和效果如图 4-97 所示。

2. 菲涅耳 (Fresnel)

菲涅耳贴图可以产生和谐的颜色渐变效果，该效果可以在色彩和反射属性中添加，制作表面光滑柔和的色彩渐变，参数和效果如图 4-98 所示。

3. 图层

图层贴图中可以添加图像、着色器、效果等，添加图像的参数和效果如图 4-99 所示。

4. 表面

表面贴图包含多种贴图类型，其中，云、地球、星形、星系效果如图 4-100 所示。

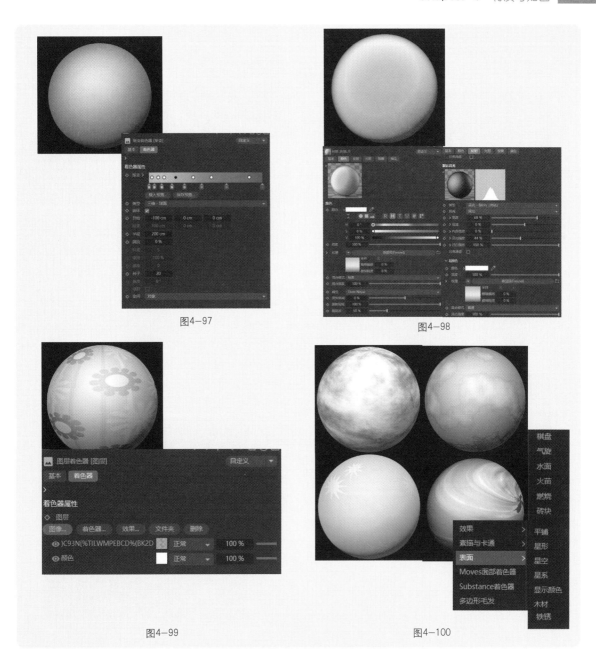

图4-97

图4-98

图4-99

图4-100

4.4.2　课堂案例：制作烤漆材质 ▽

01 打开本书配套资源 "Chapter4\ 素材文件\烤漆舞台字场景 .c4d"，如图 4-101 所示。

微课：制作烤漆材质

图4-101

02 创建一个材质球,命名为"烤漆材质",如图 4-102 所示。

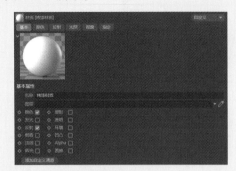

图4-102

03 在"材质"窗口的"颜色"选项卡中,单击"纹理"右侧的下拉按钮,在弹出的下拉列表中选择"渐变"命令,加载"渐变",如图 4-103 所示。

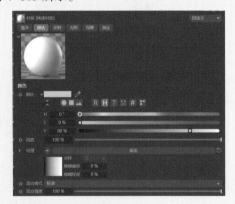

图4-103

04 进入"渐变"界面,设置渐变的颜色为橙红色至橙黄色,"类型"为"二维-圆形",如图 4-104 所示。

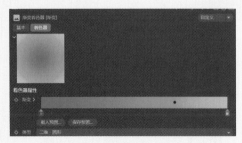

图4-104

05 在"反射"选项卡中单击"添加"按钮,

在弹出的下拉列表中选择"反射(传统)"命令,加载"反射(传统)",如图 4-105 所示。

图4-105

06 单击新增的"层 1",设置"粗糙度"为0%,"高光强度"为0%,"亮度"为0%,"混合强度"为40%。单击"纹理"右侧的下拉按钮,在弹出的下拉菜单中选择"菲涅耳(Fresnel)"命令,加载"菲涅耳(Fresnel)",如图 4-106 所示。

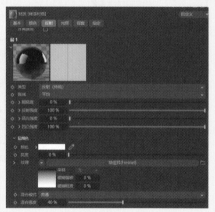

图4-106

07 在"反射"选项卡"层"中调整"默认高光"和"层 1"的顺序,将"默认高光"置于"层 1"的上方,如图 4-107 所示。

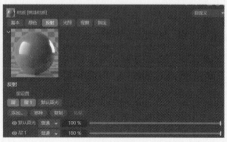

图4-107

08 材质设置完成，将该材质球拖动到字体"全球狂欢节"模型上，即可赋予烤漆材质，如图 4-108 所示。

图4-108

09 添加场景的其他模型材质，单击"渲染到图像查看器"按钮，烤漆舞台字场景渲染后的效果如图 4-109 所示。

图4-109

4.5　知识与技能梳理

Cinema 4D 的材质与贴图设置在三维图像创作中是非常重要的环节，直接决定图像质感和最终效果呈现的好坏。本章对材质编辑器、材质属性、贴图属性进行了详细的介绍，通过学习可以了解到各类质感材质的制作和贴图效果，文中针对一些基础材质与贴图的参数设置方法是必须掌握的内容。

▶ 重要工具：材质编辑器。

▶ 核心技术：纹理投射、UV 贴图、程序贴图。

▶ 实际运用：各类基础材质参数调节、不同贴图方式的应用。

4.6　课后练习

一、选择题（共 4 题），请扫描二维码进入即测即评。

4.6　课后练习

1. 在 Cinema 4D 中，用于控制模型表面外观的是（　　）。

A. 灯光贴图　　　　　B. 纹理贴图　　　　　　C. 后期特效贴图　　　D. 动画贴图

2. 在 Cinema 4D 中，通常用于模拟金属或玻璃等表面的是（　　）。

A. 漫反射材质　　　　B. 反射材质　　　　　　C. 发光材质　　　　　D. 透明材质

3. Cinema 4D 中的 HDRI 贴图用于模拟（　　）。

A. 人物角色　　　　　B. 自然风景　　　　　　C. 光照环境　　　　　D. 动画效果

4. Cinema 4D 中给模型添加材质的方法是（　　）。

A. 选中模型，通过鼠标右键快捷菜单进行添加　　B. 从材质栏中拖动并赋予给模型

C. 从模型的属性栏设置颜色　　　　　　　　　　D. 通过菜单栏添加

二、判断题

1. 真实环境中所有的材质都有反射。（　　）

2. Cinema 4D 材质质感模拟的是真实环境的质感。（　　）

3. Cinema 4D 材质球应处于模型对象的子层级。（　　）

Chapter 5

摄像机与渲染技术

　　Cinema 4D中的摄像机可以通过固定画面视角，实现各种复杂视角的拍摄，也可以模仿真实世界中的拍摄手法和摄影设备的运动，实现各种特效效果和调节渲染效果等。渲染是Cinema 4D制作流程的最后环节之一，将场景中的所有信息（模型、材质、灯光、摄像机）组合在一起，生成单个或一系列最终的渲染图像，实践运用中往往由于场景的复杂性和质量需求，该环节需消耗大量时间进行运算。

学习要求	知识点	学习目标			
		了解	掌握	应用	重点知识
	摄像机			⚑	
	渲染的基础知识				⚑
	渲染器设置	⚑			

能力与素养
目标

5.1 摄像机

在现实世界中，摄影机是一种使用光学原理来记录影像的装置，可以记录静态和动态画面。Cinema 4D中的摄像机也可以达到同样的效果，通过固定视角以当前角度作为最终渲染输出静态图像的角度，同时，摄像机拥有运动路径，结合后期特效，实现最后的动态效果。

5.1.1 摄像机的类型

选择"创建"→"摄像机"菜单命令，在子菜单中有6种摄像机类型，分别是摄像机、目标摄像机、立体摄像机、运动摄像机、摄像机变换、摇臂摄像机，如图5-1所示。

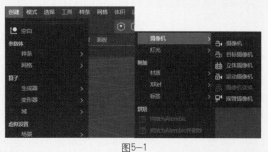

图5-1

◆ **摄像机** 摄像机是Cinema 4D中最常用的摄像机类型，选择"创建"→"摄像机"→"摄像机"命令即可创建一个摄像机对象。在"对象"窗口中单击"摄像机"后的图标 ，当该图标变为 时，进入摄像机视角。在摄像机视角中，视图界面会显示5个黄色小点，此时在视图窗口进行视图拉近、旋转，摄像机会跟随产生变化。再次单击图标 ，退出摄像机视角模式，可直接在视图窗口中观察到摄像机机位，如图5-2所示。

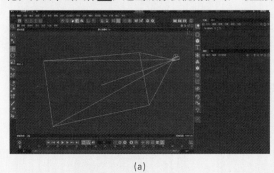

(a)

(b)

图5-2

◆ **目标摄像机** 目标摄像机与摄像机类似，但使用更为灵活，创建一个目标摄像机后，会多出一个"摄像机.目标.1"对象，移动该对象可以改变目标摄像机的朝向，如图5-3所示。

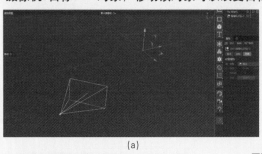

(a)

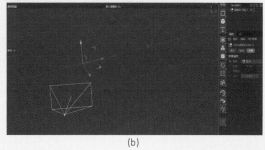

(b)

图5-3

◆ **立体摄像机** 立体摄像机用于制作3D电影，选择"创建"→"摄像机"→"立体摄像机"命令即可创建一个立体摄像机对象。该摄像机在功能上比普通摄像机多出"立体"功能，模式默认为对称，如图5-4所示。

◆ 运动摄像机 运动摄像机可以让摄像机跟随样条运动拍摄，用于制作摄像机动画。选择"创建"→"摄像机"→"运动摄像机"命令即可创建一个运动摄像机对象，其默认包含3个对象，分别是路径样条、目标和运动摄像机，末端由一个绿色模拟人物模型扛着摄像机，如图5-5所示。

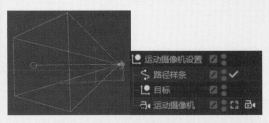

图5-4

图5-5

◆ 摄像机变换 摄像机变换在默认情况下是灰色的，需要先创建一个对象模型：两台摄像机（摄像机、摄像机.1），将两台摄像机置于模型不同侧并将镜头对准模型，再创建一个摄像机（摄像机.2），右击对象窗口中的"摄像机.2"，在弹出的快捷菜单中选择"摄像机标签"→"摄像机变换"命令，为"摄像机.2"添加"摄像机变换"标签，让前两个摄像机的视角集中到该摄像机，如图5-6所示。

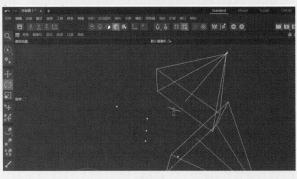

图5-6

单击"摄像机变换"标签，将摄像机、摄像机.1分别拖至"源摄像机"中的"摄像机1"和"摄像机2"，单击图标，进入摄像机视角，如图5-7所示。找到"摄像机变换"标签中的"混合"，将其参数值从0%修改为100%，以实现两个摄像机之间的变换。

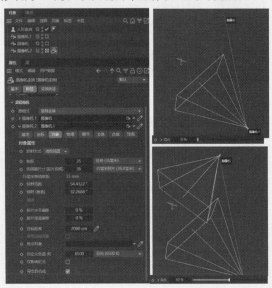

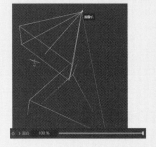

图5-7

若要添加两个及两个以上的摄像机变换效果，可将"摄像机变换"标签中的"源模式"从"简易变换"调整为"多重变换"即可，如图5-8所示。

图5-8

◆ 🎥 摇臂摄像机 摇臂摄像机是用于模拟实际拍摄中的大型拍摄器材。选择"创建"→"摄像机"→"摇臂摄像机"命令即可创建一个摇臂摄像机对象。该摄像机由一个大型支架作支撑,单击 ⬛摄像机 按钮,可以修改基座、吊臂、云台、摄像机的具体参数值,如图5-9所示。

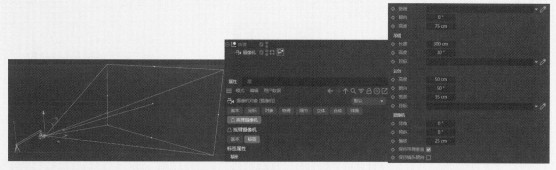

图5-9

5.1.2 摄像机的基本属性 ▽

在选择合适的摄像机之后,即可针对摄像机的基本属性,进行相应的参数调整,本节以最常用的"摄像机"为例展开介绍,如图5-10所示。

图5-10

"摄像机"的基本属性包括基本、坐标、对象、物理、细节、立体、合成、球面,具体含义如下。

◆基本:通过基本属性可以修改摄像机的名称、摄像机所在图层,设置摄像机在视窗和渲染器中是否可见,在显示颜色中可以选择摄像机的基本颜色,如图5-11所示。

◆坐标:通过坐标属性可以调整摄像机的坐标参数,不同坐标参数值控制摄像机的位移、缩放和旋转,如图5-12所示。

◆对象:对象属性是摄像机重要属性之一,包含了摄像机的大部分参数值调整,如图5-13所示。

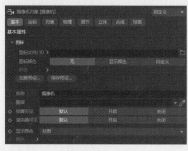

图5-11　　　　　　　　　　图5-12　　　　　　　　　　图5-13

其中,"投射方式"提供了多种投射方式,如图5-14所示;"焦距"是焦点长度,焦距越长、拍摄距离越远、视野越小,可根据需求选择合适的焦距数值,默认是经典(35毫米),如图5-15所示;"传感器尺寸"在焦距不变的情况下,修改传感器尺寸,数值越大、感光面积越大、成像效果越好;"视野范围"可以控制摄像机的视野范围,范围越大、摄像机焦距越短;"胶片水平/垂直偏移"可以对摄像机进行上下左右的位置偏移;"目标距离"可以调节从摄像机景深映射的计算起点距离摄像机的长度；"焦点对象"可以创建一个新的焦点对象作为摄像机的焦点；"自定义色温"可以调节画面色调，默认是日光（6500K），数值大于6500时画面偏冷，数值低于6500时画面偏暖，有多种画面色调效果可选，如图5-16所示。

图5-14　　　　　　　　　　图5-15　　　　　　　　　　图5-16

◆物理：只有当渲染器选择为物理渲染器时，才可以编辑物理属性的参数，可以修改摄像机的光圈、曝光、快门速度、镜头畸变、暗角等参数值，如图5-17所示。其中，"光圈"用来控制光线透过镜头，进入机身内感光面光量的装置，它通常在镜头内，数值越小、摄像机景深越大；"曝光"指在摄影过程中进入镜头照射在感光元件上的光量，由光圈、快门、感光度的组合来控制；"快门速度"数值越高，拍摄高速运动物体越清晰；"镜头畸变"是光学透镜固有的透视失真总称，对于透视造成的失真，无法消除只能改善；"暗角强度／暗角偏移"是压在画面4个角上的暗色块，突出中心画面；"光圈形状"用于调节画面光斑的形状。

◆细节：细节属性用于调节前景和背景的模糊程度，如图5-18所示。其中，"近端剪辑／远端修剪"是对摄像机中显示物体的近端和远端进行修剪；"景深映射－前景模糊"可以将摄像机焦点到前景终点距离内的所有对象进行模糊处理；"景深映射－背景模糊"可以将摄像机焦点到背景终点距离内的所有对象进行模糊处理。

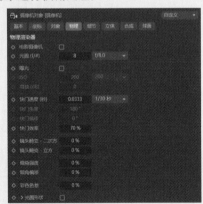

图5-17　　　　　　　　　　　　　　　　图5-18

◆立体：只有当摄像机是立体摄像机的情况下，才能编辑使用立体属性，如图5-19所示。

◆合成：合成属性用于对摄像机拍摄画面进行构图辅助，具有多种辅助线条模式，可绘制网格、对角线、三角形、黄金分割、黄金螺旋线、十字标，选择每种辅助线条模式后，可以展开相应参数的具体调节，如图5-20所示。

图5-19

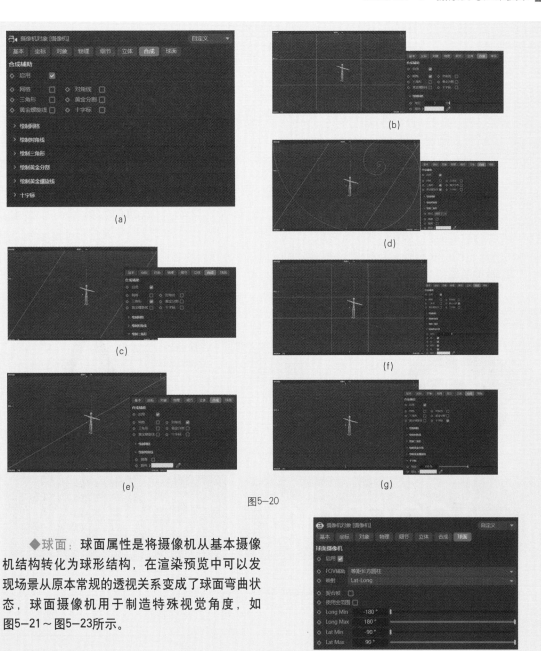

图5-20

◆球面：球面属性是将摄像机从基本摄像机结构转化为球形结构，在渲染预览中可以发现场景从原本常规的透视关系变成了球面弯曲状态，球面摄像机用于制造特殊视觉角度，如图5-21～图5-23所示。

图5-21

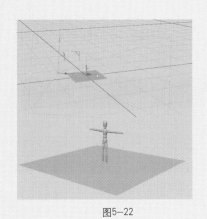

图5-22

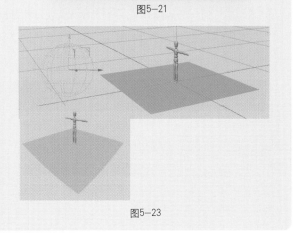

图5-23

5.2 渲染的基础知识

渲染输出是Cinema 4D工作流程的最后一道工序，渲染的最终目的是要得到极具真实感的图像效果，因此渲染所要考虑的事物也很多，包括灯光、视点、阴影、模型布局等。渲染输出是连接Cinema 4D与其他软件的纽带，需要读者充分理解并掌握。

5.2.1 渲染器概述 ▼

渲染器是三维设计的核心部分，完成将三维物体绘制到屏幕上的任务，分为硬件渲染器和软件渲染器。硬件渲染器主要用于实时渲染，如游戏和虚拟现实。软件渲染器主要用于离线渲染，如效果图和影视级、产品级渲染。硬件渲染器的速度快但是灵活度不足，软件渲染器虽然速度不够理想但是可以使用非常复杂的渲染算法，达到相片级的真实度和效果。目前，Cinema 4D主流的渲染器包括：OC渲染器、Redshift渲染器、Arnold渲染器、Corona渲染器、Vray渲染器等，如图5-24所示。本书主要介绍Cinema 4D自带的标准/物理渲染器，其渲染效果属于中等水准，其他渲染器都是基于该自带渲染器的原理开发。

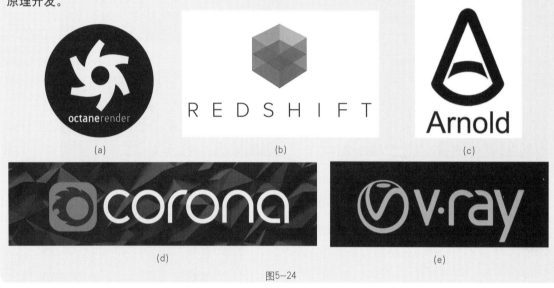

(a)   (b)   (c)

(d)   (e)

图5-24

5.2.2 渲染工具 ▼

Cinema 4D自带的标准/物理渲染器提供了两种渲染工具，位于界面右上侧，一种是"渲染活动视图"工具▥（快捷键为Ctrl+R），另一种是"渲染到图像查看器"工具▥（快捷键为Shift+R），如图5-25所示。

图5-25

1."渲染活动视图"工具

"渲染活动视图"工具▥用于测试当前场景渲染效果，单击该按钮即可在视窗中观察当下场景的渲染效果，但视图渲染出的图像不能保存，只能观察效果，如图5-26所示。

2.“渲染到图像查看器”工具

“渲染到图像查看器”工具可以在单击该按钮后弹出的窗口中进行渲染，单击该窗口左上方的按钮即可另存为图像和下载渲染后的图像，如图5-27所示。单击“将图像另存为”按钮后打开“保存”对话框，如图5-28所示，主要参数说明如下。

图5-26　　　　　　　图5-27　　　　　　　图5-28

◆类型：选择保存的类型，包含“静帧”和“已选静帧”两个选项。

◆深度：设置渲染图片的颜色深度。

◆DPI：设置图片的DPI值。

5.3　渲染器设置

在渲染工具栏右侧还有一个“编辑渲染设置”按钮，单击该按钮，可在打开的窗口中设置渲染器参数，如图5-29所示。单击“渲染器”右侧的下拉按钮，弹出下拉菜单，Cinema 4D 2023版渲染器默认包含Redshift、标准、物理、视窗渲染器4种类型，当安装了外置渲染器后会在该下拉菜单中显示，不同渲染器的渲染参数调节不同，其中最重要的是标准和物理渲染器。

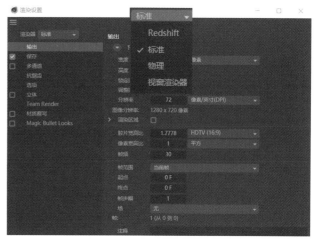

图5-29

5.3.1　输出

“输出”对话框用于设置导出渲染文件时的参数，如图5-30所示。

◆预置：可以设定各种适合屏幕、胶片/视频、移动设备、出版打印等图像尺寸，如图5-31所示。

◆宽度/高度：可以自定义渲染图像尺寸及尺寸单位，默认单位为“像素”，也可以使用“厘米”“英寸”和“毫米”等单位，如图5-32所示。

◆锁定比率：图像宽度和高度的比率可以被锁定，当改变宽度和高度中任意一个数值时，另一个数值都会根据锁定的比例进行相应变化。

◆分辨率：可以调整导出渲染图像的分辨率大小，默认的“分辨率”是72像素/英寸(DPI)，

图5-30　　　　　　　图5-31　　　　　　　图5-32

打印数值一般设定为300像素／英寸(DPI)。

◆渲染区域：可以自定义渲染范围，分别修改左右侧和顶底部的位置，还可以复制自交互区域渲染的图像内容，如图5-33所示。

◆胶片宽高比：设置渲染图像的宽度和高度比率，可以自定义数值或选择设定好的比率，如图5-34所示。

◆像素宽高比：设置渲染像素的宽度和高度比率，可以自定义数值或选择设定好的比率，如图5-35所示。

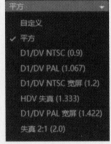

图5-33　　　　　　　图5-34　　　　　　　图5-35

◆帧频：设置渲染的帧速率，通常设置为25。

◆帧范围、起点、终点、帧步幅：可以选择4种范围来设置帧范围，如图5-36所示，常用模式为"手动"，通过手动输入起点、终点和帧步幅。

◆场：交错视频的帧是由两个场决定的，分别是奇数场和偶数场，目前极少用到。

图5-36

5.3.2　保存

"保存"对话框参数用于设置保存渲染图像时的路径、名称、输出格式等，如图5-37所示。

◆保存：选中"保存"复选框后，渲染到图像查看器的文件将被自动保存。

◆文件：将指定的渲染文件保存到相应的路径，并可以修改文件名称。

◆格式：可以设置保存文件的不同格式，如图5-38所示。

◆深度：用于定义每个颜色通道的色彩深度，包含3种通道深度，如图5-39所示。

◆名称：在渲染动画过程中，每帧被渲染为图像后会自动按顺序命名，命名格式如图5-40所示。

◆Alpha通道：渲染时会产生透明通道，将输出格式修改为PNG后，可以输出透明底的图像。

◆直接Alpha：可以避免图像中的黑色接缝。

◆分离Alpha：可以将Alpha通道与渲染图像分开保存。

图5-37

图5-38

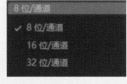

图5-39

图5-40

◆8位抖动：可以提高图像质量并增加文件大小。

◆包括声音：可以将视频中的声音整合为一个单独的文件。

5.3.3 多通道

"多通道"选项卡中的参数用于设置分离灯光、模式、投影修正等，以便于后期软件的处理，即分层渲染，如图5-41 所示。

图5-41

◆分离灯光：设置被分离为单独图层的光源，包含"无""全部""选取对象"。"无"选项不会将光源设置为单独分离的图层；"全部"选项会将场景中所有的光源分离为单独图层；"选取对象"选项将选取的通道分离为单独图层。

◆模式：可以设置3种通道分层模式，如图5-42所示。

◆投影修正：可以修复模型投影边缘的线。

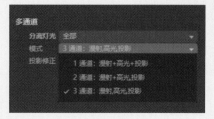

图5-42

1
2
3
4
5
6
7
8
9

5.3.4 抗锯齿

"抗锯齿"选项卡中的参数用于设置渲染的精度，消除渲染时出现的锯齿边缘，参数包含抗锯齿、过滤等，如图5-43所示。一般将"抗锯齿"类型设置为最佳，渲染静态图像时，"过滤"设置为Mitchell或Catmull；渲染动画时，"过滤"设置为"高斯（动画）"，其他参数保持不变。

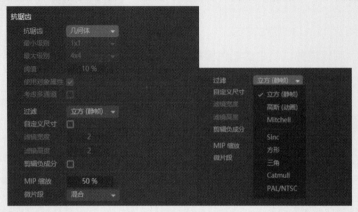

图5-43

5.3.5 选项

"选项"选项卡中的参数用于设置渲染的细节部分，如透明、折射率、反射、投影等，如图5-44所示，选中相应复选框后即可在渲染场景中体现相应效果。

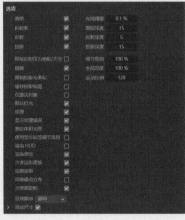

图5-44

5.3.6 立体

"立体"选项卡中的参数主要用于设置3D电影渲染时的参数，如图5-45所示。

图5-45

5.3.7 Team Render

"Team Render"选项卡中的参数用于设置单一图像相关分布参数，如图5-46所示。

图5-46

5.3.8 材质覆写

"材质覆写"选项卡中的参数用于设置材质的覆写和保持，如图5-47所示。

◆自定义材质：设置场景整体的覆盖材质。

◆模式：设置材质覆写的模式。

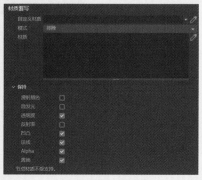

图5-47

5.3.9 物理

    "物理"选项卡中的参数用于设置景深、运动模糊、采样器等，如图5-48所示。

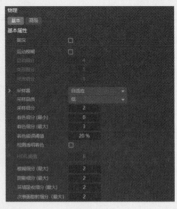

◆景深：即被拍摄物体对焦点平面处的景物，在胶片上会形成清晰影像，在对焦点平面的前方某处到其后方某处有一个范围，其内的景物都能形成清晰影像，该范围称为景深，选中"景深"复选框，即可渲染出景深效果。

◆运动模糊：可以渲染出场景中的动画运动模糊效果。

◆采样器：用于设置采样器方式，包含3种方式，如图5-49所示，递增是较为常用的方式，随着渲染时间增多图像会逐渐清晰，随时可以暂停渲染。

图5-48

图5-49

5.3.10 效果

    "效果"选项卡中的参数用于添加多种渲染效果，让渲染质量得到进一步提升，其中常用的渲染效果有全局光照、环境吸收、焦散、景深、素描卡通等，如图5-50所示。

◆全局光照：全局光照是三维软件中的特有名词。光具有反射和折射的性质，在真实的大自然中，光从太阳照射到地面是经过无数次的反射和折射的，所以人们在白天看到地面的任何地方都是清晰的。三维软件中的光虽然也具有现实中光的所有性质，但是光的辐射能传递不明显，在全局光照开启前，软件仅会计算

图5-50

阴暗面以及光亮面，开启后将会计算光的反射、折射等各种光效。全局光照表现了直接照明和间接照明的综合效果，光线触碰到场景对象，反射正反射光或漫反射光，控制了色彩、物体间相互作用的反射、折射、焦散等光效，最终模拟现实的自然光效。全局光照开启的前后效果对比如图5-51所示，可以发现场景光源变化更加细腻柔和，具有层次感且更为真实。

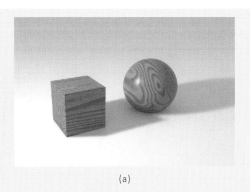 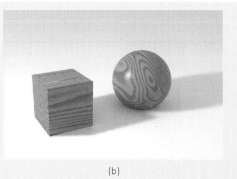

图5-51

在"全局光照"中"常规"选项卡中，可以添加不同的全局光照效果预设，用于修改主算法和次级算法，调节画面的伽马值，设定采样程度等，如图5-52所示。其中，"预设"包含全局光照的各种模式，如图5-53所示。"主算法"用于设置折射的光线强度，强度越大，光线越亮，QMC模式相较辐射缓存的物理精度更高；"次级算法"用于设置光线后续反弹的路径，QMC模式应用最多，更符合现实中光的反弹，如图5-54所示。"伽马"数值越高，图像整体亮度越高，一般设置为2.2，是最接近现实的曝光值。

图5-52

图5-53

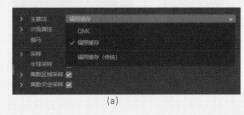 

图5-54

"全局光照"中"辐照缓存"选项卡默认采用全局光照算法，用于修改光子的记录密度、平滑百分比以及颜色细化等，以进一步调节全局光照的效果，如图5-55所示。

"全局光照"中"缓存文件"选项卡用来保存和载入全局光照的参数设置，一般情况下，选中"跳过预进程（如可用）"复选框和"自动载入"复选框，以节约渲染时运算所用时间，如图5-56所示。

"全局光照"中"选项"选项卡中的参数是用于设置特殊效果下的全局光照效果，如图5-57所示。

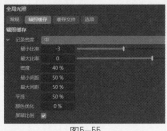  

图5-55　　　　　　図5-56　　　　　　图5-57

◆环境吸收：环境吸收是对物体相接处或物体本身折角处产生的阴影进行处理，增加阴影，使阴影效果更接近自然界的效果。添加环境吸收后，会发现场景中物体和地面的连接处变暗，整体光影感更具层次感，效果更为真实，如图5-58所示。

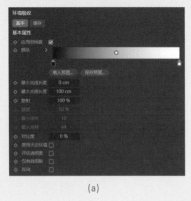

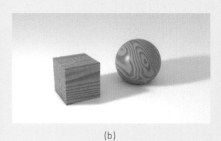

(a)　　　　　　　　　　　　　　　　(b)

图5-58

◆焦散：焦散是指当光线穿过一个透明物体时，由于对象表面的不平整，使得光线折射并没有平行发生，出现漫折射，投影表面出现光子分散的现象，基本参数如图5-59所示。

◆景深：是指在摄影机镜头或其他成像器前沿能够取得清晰图像的成像所测定的被摄物体前后距离范围，光圈、镜头及拍摄物的距离是影响景深的重要因素，其基本参数如图5-60所示。

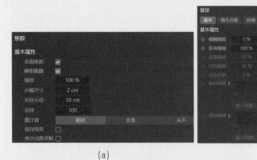

(a)　　　　　　　　　　　　　(b)　　　　　　　　　　　　图5-60

图5-59

◆素描卡通：素描卡通用于制作卡通风格的图像效果参数面板，可以令场景转换为素描形式的图片，有多种线条类型可供选择，如图5-61所示。

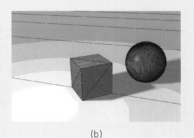

(a)　　　　　　　　　　　　　　　　(b)

图5-61

5.3.11　多通道渲染 ▽

　　"多通道渲染"选项卡中的参数用于添加多种渲染通道，渲染的成图可以直接导入后期软件进行处理，对漫射、高光、投影、反射、焦散等参数都可以在后期单独调整，如图5-62所示。

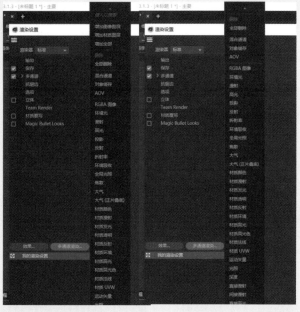

图5-62

5.3.12　课堂案例：节日场景景深与渲染输出设置 ▽

　　本案例通过调节摄像机参数、添加景深效果、设置渲染输出参数，演示场景效果图的最终导出过程，最终效果如图5-63所示。

图5-64

图5-63

01 打开本书配套资源"Chapter5\素材文件\节日场景.c4d"，如图5-64所示。该场景是一个庆祝节日的主题场景，已经包含模型对象、基础材质、常用灯光环境和全局光照的渲染设置。

微课：节日场景景深与渲染输出设置

02 将视图旋转到正对场景的位置，创建一个摄像机对象，查看摄像机的位置，让摄像机对象在场景的正前方，如图5-65所示。

03 在"对象"窗口中单击摄像机后面的图标，进入摄像机视角，此时通过视窗窗口创建的摄像机对象是有位置偏差的，单击鼠标中键进入四视图窗口，在"对象"窗口中选中摄像机对象，在右下角的"坐标"选项卡中调整"变换"数值，即可得到一个完全正对场景的效果，如图5-66所示。

图5-65

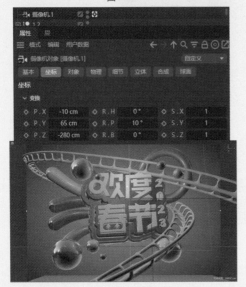

图5-66

04 调整好摄像机对象的角度后，单击"渲染活动视图"按钮，查看场景的渲染效果，如图5-67所示。此时场景整体是明亮且清新的风格，所有对象可清楚显示。

图5-67

05 单击"编辑渲染设置"按钮，在弹出的"渲染设置"窗口中单击"效果"按钮，在弹出的下拉菜单中选择"效果"命令，添加景深效果，如图5-68所示。

图5-68

06 在"对象"窗口中选中摄像机对象，首先在右下角摄像机对象的"细节"选项卡中选中"景深映射-背景模糊"复选框，然后进入四视图窗口的正视图中，摄像机对象会出现远景的调节点，调节摄像机对象上的小黄点，将摄像机的焦点移动到文本对象处，将"终点"数值修改为680cm，如图5-69所示。

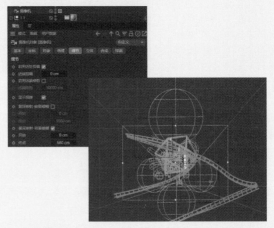

图5-69

07 在"输出"选项卡中设置"宽度"为1600像素，"高度"为1000像素，选中"锁定比率"复选框，设置"分辨率"为300，如图5-70所示。

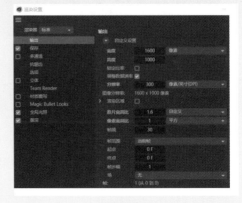

图5-70

08 在"抗锯齿"选项卡中设置"过滤"为"Mitchell"，如图5-71所示。

图5-71

09 在"全局光照"选项卡中设置"预设"为"自定义"，"次级算法"为"辐照缓存"，"采样"为"高"，如图5-72所示。

图5-72

10 单击"渲染到图像查看器"按钮，查看场景的最终渲染效果，如图5-73所示。

图5-73

11 保存渲染完成的场景效果图，将格式设置为PNG，如图5-74所示。

图5-74

12 将PNG效果图导入Photoshop进行后期背景处理，最终效果如图5-75所示。

图5-75

5.4 知识与技能梳理

　　Cinema 4D 的摄像机可以固定画面视角，设置特效，控制渲染效果，合理布置摄像机将对作品效果起到积极的影响。本章介绍了摄像机的类型，其中最为常用的是摄像机和目标摄像机，同时，对于摄像机面板参数、摄像机焦距调节、暗角设置、景深设置的学习有助于作品的完整性和真实性的效果体现。Cinema 4D 的渲染类型包含常用的硬件渲染器和软件渲染器，全局光照和环境吸收是重要且常用的场景渲染效果，渲染设置是渲染流程中最后输出的环节，直接影响了画面的最终呈现效果。

❯重要工具：摄像机、渲染器。

❯核心技术：摄像机视角调整、渲染器选择和设置。

❯实际运用：摄像机的使用流程和参数调节，渲染器中全局光照、环境吸收、焦散、景深效果的应用。

5.5　课后练习

一、选择题（共5题），请扫描二维码进入即测即评。

5.5　课后练习

1.Cinema 4D渲染预览的快捷键是（　　）。

A.Ctrl+Alt+Shift+R

B.Alt+Shift+R

C.Alt+R

D.Shift+R

2.下列渲染器中，基于GPU显卡进行渲染的是（　　）。

A.标准渲染器

B.物理渲染器

C.Redshift渲染器

D.以上选项均正确

3.当建模完成后，图片的输出尺寸应该在（　　）设置。

A.新建对象的时候

B.模型对象下方的尺寸属性

C.渲染设置的输出属性

D.通过缩放来调整

4.摄像机和目标摄像机的主要区别是（　　）。

A.摄像机受环境限制，只能拍摄目标对象

B.目标摄像机只能拍摄目标对象

C.摄像机可以做绕轴动画

D.目标摄像机可以自由移动视角

5.摄像机的景深靠（   ）属性控制。

A. 光圈

B. 效果中的景深

C. 多通道的深度

D. 以上选项均正确

二、简答题

1.简要说明Cinema 4D中的摄像机类型。

2.简要说明Cinema 4D常用的渲染器类型。

3.简要说明Cinema 4D中"全局光照"效果的作用。

1
2
3
4
5
6
7
8
9

Chapter

运动图形及动画模块

　　运动图形及动画模块是Cinema 4D中重要的模块之一，使用运动图形工具并配合各类效果器能让模型对象呈现不同的形态变化。Cinema 4D动画工具支持关键帧动画、物理模拟、动力学等功能，能够制作出逼真的动画效果。Cinema 4D的动画模块包括关键帧动画和角色动画两类，常用于广告、电影、电视剧的特效制作，相较于静态场景图片，借助Cinema 4D制作的动态画面场景更具吸引力。

<table>
<tr><td rowspan="3">学习要求</td><td rowspan="2">知识点</td><td colspan="4">学习目标</td></tr>
<tr><td>了解</td><td>掌握</td><td>应用</td><td>重点知识</td></tr>
<tr><td>运动图形</td><td></td><td>🚩</td><td></td><td></td></tr>
<tr><td rowspan="1">关键帧动画</td><td></td><td></td><td>🚩</td><td></td></tr>
</table>

<table>
<tr><td></td><td>角色动画</td><td></td><td></td><td>🚩</td><td></td></tr>
</table>

能力与素养
目标

6.1　运动图形

通过运动图形工具和效果器的配合使用可以制作多种特殊模型效果和动画效果。运动图形是Cinema 4D最具特色的部分之一，配合效果器的使用能够让模型对象呈现不同的形态变化。在菜单栏中选择"运动图形"菜单命令，弹出下拉菜单，选择相应的命令，可以创建多类运动图形工具，包含效果器、生成器、变形器、辅助工具等，如图6-1所示。

图6-1

6.1.1　效果器

Cinema 4D包含16种效果器，可以制作不同的特殊模型效果。

1."简易"效果器

其主要用来简单控制克隆物体的移动、位置、缩放、旋转等参数，如图6-2和图6-3所示。

图6-2

(a)

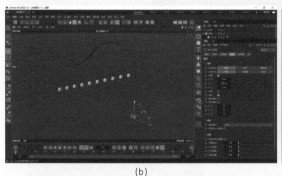

(b)

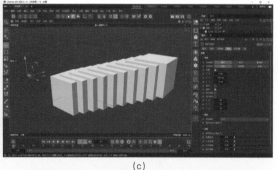

(c)

图6-3

◆效果器："强度"用于调节效果器的整体强度，数值为0%时，效果器不起作用，数值越大，效果器的作用越明显；"选择"需在克隆对象执行"运动图形选集"命令之后才能使用，用于选择"运动图形选集"，"简易"效果器只作用于运动图形选集范围；"最大/最小"用于控制当前变换的范围，如图6-4所示。

图6-4

◆参数：大部分效果器的参数面板相似，其中都是用于控制运动图形的位置、缩放、旋转等参数。"变换"用于修改对象的位置、缩放、旋转参数；"颜色模式"用于确定效果器的颜色以何种方式作用于克隆对象，默认为域颜色；"混合模式"用于控制效果器的颜色参数与克隆工具中变换参数面板的颜色参数之间的混合方式；"权重变换"用于将当前效果器的效果作用于克隆对象的每个节点，以控制每个克隆对象受其他效果器影响的强度；"U向变化"和"V向变化"用于控制效果器在克隆对象U、V方向上的作用效果；"修改克隆"用于调整克隆对象的分布状态；"时间偏移"用于调节带有动画效果的克隆对象，改变克隆对象动画效果的起始和结束位置，如图6-5所示。

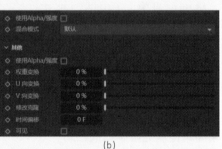

(a)　　　　　　　　　　　　(b)

图6-5

◆变形器：变形器主要通过"变形"参数确定效果器对物体的作用方式，如图6-6所示。选择"关闭"时，效果器对物体无作用；选择"对象"时，效果器作用于单个物体，每个物体以自身坐标的方向发生变化；选择"点"时，效果器作用于物体的每个顶点；选择"多边形"时，效果器作用于物体的每个多边形平面，物体将以自身多边形平面的坐标方向发生变化。

图6-6

◆域："域"用于进一步控制效果器的作用范围，如图6-7所示。单击"线性域"按钮，在弹出的菜单中选择"线性域"命令，即可添加"线性域"，界面出现紫红色范围框，移动范围框的位置，其所经过的区域对象不再受到效果器作用，框内的对象显示为淡黄色表明受到的效果器影响正逐渐减弱。

图6-7

2. "延迟"效果器

可以让运动图形对象的动画产生延迟效果，一般配合"简易"效果器和"随机"效果器使用，单独使用时其效果不明显，如图6-8所示。

◆强度：可以控制延迟效果器的作用强度。

◆选集：作用于运动图形选集。

◆模式：3种不同模式下的延迟效果不同。在"平均"模式下，对象产生延迟效果的过程中，速率平均不变化；在"混合"模式下，速率由快至慢；在"弹簧"模式下，对象的延迟具有反弹效果。

图6-8

3. "公式"效果器

利用数学公式对模型对象产生效果，"公式"效果器使用的公式默认为正弦函数：sin(((id ／ count) ＋ t) ＊ f ＊ 360.0)，也可以自行编写公式。如图6-9所示，一排正方体克隆对象在添加 "公式"效果器后，以正弦波动的形式进行放大和缩小。

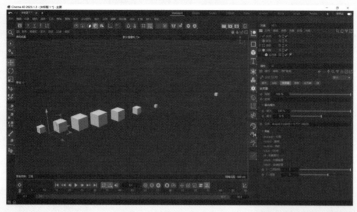

图6-9

4. "继承"效果器

可以将克隆对象的位置和动画从一个对象转移到另一 个对象上，如图6-10所示。

◆强度：用于控制继承效果器的影响强度。

◆选集：作用于运动图形选集。

◆继承模式：控制当前对象的继承方式。选择"直 接"可以直接继承对象的状态；选择"动画"可以继承对 象的动画。

◆对象：可以直接将对象拖入"对象"参数右侧的空 白区域。

◆变体运动对象：继承对象为其他的克隆对象或运动 图形对象。

图6-10

◆衰减基于：继承对象将会保持作为对象动画过程中某一时刻的状态。

◆变换空间：用于控制当前继承动画的作用位置，包括"生成器"和"节点"两个选项。当 "变换空间"被设置为"生成器"时，克隆对象在使用继承效果器继承对象动画时，产生的动画 效果会以克隆对象的坐标位置为基准进行变换。当"变换空间"被设置为"节点"时，克隆对象 在使用继承效果器继承对象动画时，产生的动画效果会以克隆对象自身的坐标所在位置为基准进 行变换。

◆开始、终点：用于控制继承动画的起始和结束时间。

◆步幅间隙：当"变换空间"被设置为"节点"时，通过设置"步幅间隙"调整克隆对象间 的运动时差。

◆循环动画：选中该复选框，动画将循环播放。

5. "推离"效果器

可以将运动图形对象在动画中出现时以某个固 定点为中心向外推散，可设置推散模式和半径，如 图6-11所示。

图6-11

6. "Python" 效果器

可以使用Python语言编程设置效果，如图6-12所示。

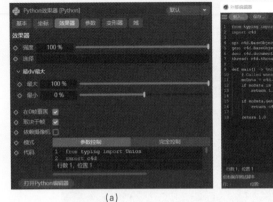

(a)　　　　　　　　　(b)

图6-12

7. "随机分布" 效果器

可以使克隆模型在运动过程中呈现随机效果，如图6-13所示。

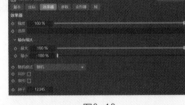

图6-13

8. "重置效果器" 效果器

可以使克隆物体中的效果器全部清除，如图6-14所示。

9. "着色器" 效果器

其中，贴图的白色区域对"着色器"效果器起作用，黑色区域对"着色器"效果器不起作用，如图6-15所示。

图6-14

10. "声音" 效果器

其中，可以将Cinema 4D中能够识别的音频文件添加至声音轨道中，图形对象将会随着音频变化进行运动，如图6-16所示。

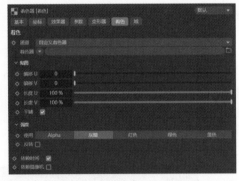

图6-15

图6-16

11. "样条" 效果器

其中，模型可以沿着样条分布。创建"立方体"对象并将其拖动到"克隆"下方，设置克隆相关参数，如图6-17所示。创建"样条"效果器并将其拖动至"克隆"对象的效果器中，如图6-18所示。继续创建"圆环"并将其拖动至"样条"效果器样条参数后方，如图6-19所示。最终效果如图6-20所示。

图6-17　　　　　　　　图6-18　　　　　　　　图6-19

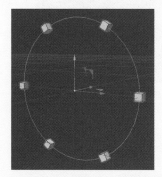

12. "步幅"效果器

其中，通过修改强度属性，可以使模型产生位置、旋转、缩放的动画效果，如图6-21所示。

13. "目标"效果器

其中，模型可以产生目标对象所具有的效果，如图6-22所示。

14. "时间"效果器

其中，无需设置关键帧即可设置动画的位置、缩放、旋转，其参数面板如图6-23所示。

图6-20

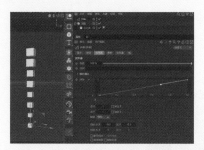

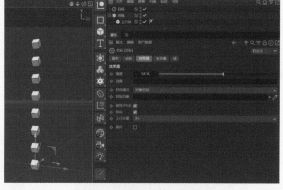

图6-21　　　　　　　　　　　　　　　　图6-22

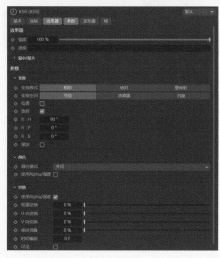

15. "体积"效果器

其中，通过定义范围对模型对象的变换参数产生影响，从而改变模型的形状，其参数面板如图6-24所示。

◆强度：用于控制体积效果器的影响强度。

◆选择：作用于运动图形选集。

◆最小/最大：用于控制当前变换的范围。

◆体积对象：可以将几何体拖入"体积对象"栏中，该几何体将作为影响模型对象变换的范围。

图6-23　　　　　　　　　　图6-24

16．"群组"效果器

该效果器可以按照自身的操作特性对克隆物体产生不同效果影响。"群组"效果器自身没有具体的功能，但可以将多个效果器捆绑在一起，使它们同时起作用，并通过"强度"参数控制这些效果器的作用，无需再单独调节每个效果器的强度，参数面板如图6-25所示。

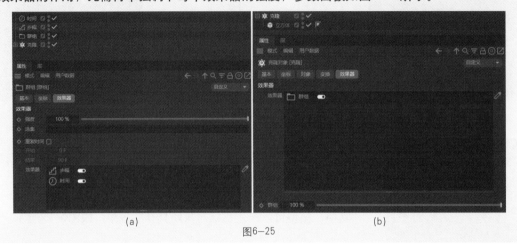

(a)   (b)

图6-25

6.1.2 运动图形工具

运动图形中除了包含效果器，还包含多种生成器、变形器等运动图形工具，如图6-26所示。

1．"克隆"工具

可以将模型以对象、线性、放射、网格、蜂窝多种方式进行复制，将模型作为子集，"克隆"作为父级，即可完成克隆，如图6-27所示。

图6-26

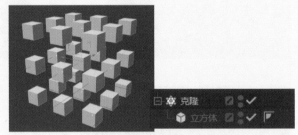

图6-27

◆模式：用于设置克隆的模式，包括5种模式，如图6-28所示。

"对象"模式，需要先创建样条并拖入"对象"中的"对象"栏，模型对象将会沿着样条克隆分布，选中"排列克隆"复选框之后，克隆的模型对象会沿着样条线的路径进行旋转，如图6-29～图6-31所示。

· "线性"模式：在"数量"中先设置模型对象需要克隆的数量，在"偏移"中设置模型对象克隆时的偏移数值，在"模式"中设置克隆体的距离，如图6-32所示。

· "放射"模式：通过"半径"可以改变放射模式的范围大小，如图6-33所示。

· "网格"模式：克隆的模型对象以网格形式排列，如图6-34所示。

· "蜂窝"模式：克隆的模型对象以蜂窝阵列方式排列，可以通过设置"角度""偏移方向""宽数量""高数量"调整蜂窝阵列，如图6-35所示。

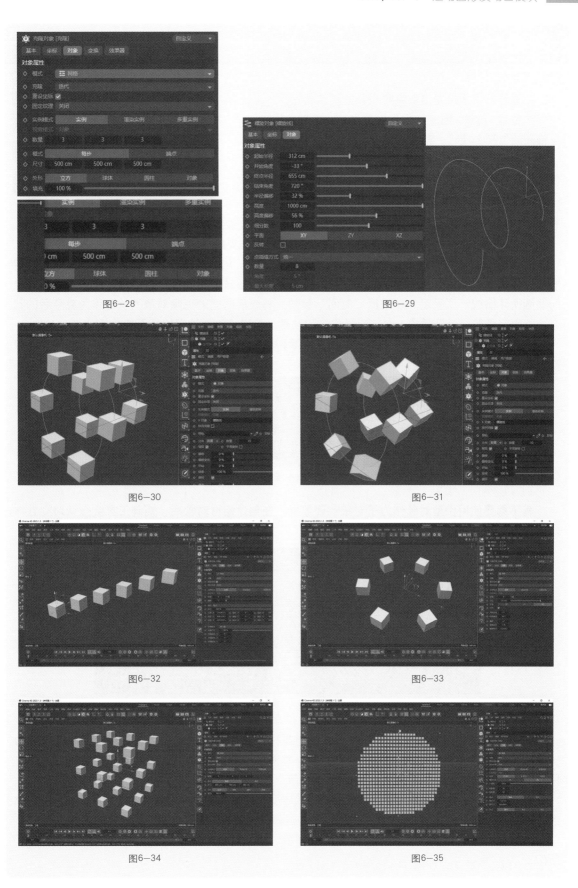

图6-28

图6-29

图6-30

图6-31

图6-32

图6-33

图6-34

图6-35

◆变换：用于调节被克隆对象的相关参数，可以调整克隆对象的位置、缩放、旋转、显示颜色等，如图6-36所示。

·显示：用于设置当前克隆对象的显示状态。

·位置／旋转／缩放：用于设置当前克隆对象沿自身轴向的位移、旋转、缩放。

·颜色：设置克隆对象的颜色，默认为白色。该参数起到方便观察的作用，在包含多个克隆对象的场景中可以修改颜色，从而将不同的克隆对象明显区分开。

图6-36

·权重：用于设置每个克隆对象的初始权重，每个效果器影响每个克隆对象的权重。

·时间：被克隆对象带有动画时，该参数用于设置被克隆后的动画起始帧。

·动画模式：用于设置克隆对象的动画的播放方式，包括"播放""循环""固定""固定播放"模式。"播放"是根据"时间"参数，决定动画播放的起始帧；"循环"是设置克隆对象的动画循环播放；"固定"是根据"时间"参数，将当前时间的克隆对象的状态作为克隆后的状态；"固定播放"是只播放一次被克隆物体的动画，与当前动画的起始帧无关。

◆效果器：用于添加各种效果器来改变克隆对象的形态，产生各种各样的位置、旋转、缩放动态变化，如图6-37所示。

图6-37

2. "矩阵"工具

其不需要使用模型对象作为子对象实现效果，在创建矩形对象后，矩阵工具会默认对立方体对象进行克隆，如图6-38所示。

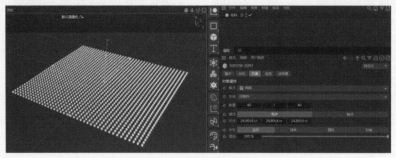

图6-38

3. "分裂对象"工具

其可以将模型对象按照多边形的形状分割成相互独立的部分，也可以将所有组成部分连为一个整体。由多边形组成的模型才能产生分裂效果，"分裂对象"工具包含"直接""分裂片段""分裂片段&连接"3种模式，如图6-39所示。

首先创建一个文本样条对象，挤压出一定的厚度，并将其作为分裂对象的子对象，在分裂对象的"效果器"选项卡中添加一个随机效果器，通过修改分裂的模式，查看不同模式的区别。

·直接：选择该模式，目标对象不产生分裂，文本对象依然作为一个整体对象，如图6-40所示。

图6-39　　　　　　　　　　　　　　　　　　　　　图6-40

·分裂片段：选择该模式，每一个字母没有连接的部分将作为分裂的最小单位进行分裂，文本对象上的每一个面都成为单独的元素，在随机效果的作用下产生位置上的偏移，如图6-41所示。

·分裂片段&连接：选择该模式，分裂效果将以字母个体为分裂的最小单位，连接的对象作为一个整体，如图6-42所示。

图6-41　　　　　　　　　　　　　　　　　　　　　图6-42

4."破碎"工具

可以将模型对象破碎成多块。创建一个立方体对象，再创建一个破碎对象作为立方体对象的父级。立方体对象在破碎工具的作用下从一个整体破碎成多个不规则的块，其中不同的颜色是为了方便区别破碎的块及计算破碎的数量，如图6-43所示。

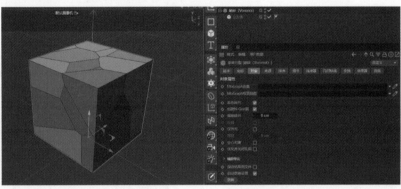

图6-43

·着色碎片：选中该复选框后，破碎的块会有不同的着色效果。

·偏移碎片：可以设置碎片的偏移距离。将"偏移碎片"数值增加为5cm后，立方体对象被破碎的边缘会形成裂缝，如图6-44所示。

·仅外壳／厚度：选中"仅外壳"复选框后，立方体对象破碎后将是一个壳，没有厚度，需要通过设置"厚度"数值来调节碎片的厚度，如图6-45所示。将"厚度"数值设置为10cm，破碎的块就具备了厚度。该数值为正值时，向内挤压厚度；该数值为负值时，向外挤压厚度。

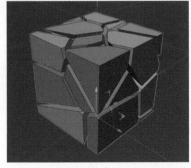

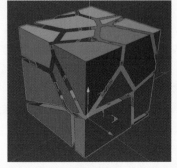

图6-44　　　　　　　　　　　　　　　　　　　　　图6-45

5．"实例"工具

该工具需要结合动画使用，在播放动画的过程中，使用实例工具可以将物体在动画过程中的状态分别显示在场景内部，如图6-46所示。"实例"工具的"对象"选项卡如图6-47所示。

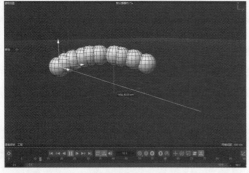

图6-46

图6-47

·对象参考：将带有动画效果的物体拖动至"对象参考"栏中，即可对该物体进行实例模拟。

·历史深度：该数值越高，模拟的范围越大。将其数值设置为10，即代表当前可以模拟带有动画效果的物体前10帧的运动状态。

6．"追踪对象"工具

其会在物体运动的过程中出现运动的线条，用于追踪运动物体上顶点位置的变化，形成运动路径，如图6-48所示。"追踪对象"工具的"对象"选项卡如图6-49所示，可以设置追踪链接、追踪模式，修改追踪的运动节奏，以及生成路径的点插值方式等。

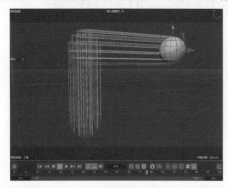

图6-48

图6-49

·追踪链接：用于连接带有动画的物体。

·追踪模式：包含3种模式选项。追踪路径：以运动物体顶点位置变化作为追踪目标，在追踪过程中生成样条；连接所有对象：追踪物体的每个顶点，并在顶点间产生路径连线；连接元素：以元素层级为单位进行追踪。

·采样步幅：在追踪路径时，用于设置追踪对象的采样间隔。数值增大，在一段动画中的采样次数越少，形成的路径不光滑。

·追踪激活：取消选中该复选框后，将不会产生追踪路径。

·追踪顶点：选中该复选框后，将追踪运动物体的每一个顶点。取消选中该复选框，只会追踪运动物体的中心点。

·手柄克隆：被追踪的物体为一个嵌套式的克隆对象，包括3种类型。仅节点：追踪对象以整体的克隆对象为单位进行追踪，此时只会产生一条追踪路径；直接克隆：追踪对象以每一个克隆对象为单位进行追踪，此时每个克隆对象都会产生一条追踪路径；克隆从克隆：追踪对象以每个克隆对象的每个顶点为单位进行追踪，此时克隆对象的每个顶点都会产生一条追踪路径。

7.“运动样条”工具

用于制作模型的生长动画效果。样条通常都是静态的，将其转换为运动样条后才能制作动画效果。

◆“运动样条”工具的“对象”选项卡如图6-50所示。

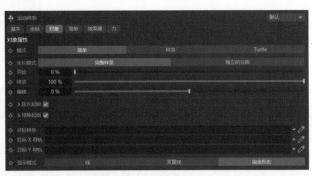

图6-50

·模式：包含“简单”“样条”“Turtle”3种模式，每一种模式都有独立的参数设置。

·生长模式：包含“完整样条”和“独立的分段”两个选项。选择任意一个选项，都需要配合下方的“开始”和“终点”参数来产生效果。当选择“完整样条”选项时，调节“开始”参数，运动样条生成的样条曲线会逐个产生生长变化。当选择“独立的分段”选项时，调节“开始”参数，运动样条生成的样条曲线会同时产生生长变化。

·开始：用于设置样条起点处的生长值。

·终点：用于设置样条终点处的生长值。

·偏移：用于设置从起点到终点范围内样条的位置变化。

·延长起始：选中该复选框后，当“偏移”数值小于0%时，运动样条会在起点处继续延伸。如果取消选中该复选框，当“偏移”数值小于0%时，则运动样条会在起点处终止。

·排除起始：选中该复选框后，当“偏移”数值大于0%时，运动样条会在终点处继续延伸。如果取消选中该复选框，当“偏移”数值大于0%时，则运动样条会在终点处终止。

·显示模式：包含“线”“双重线”“完全形态”3种显示模式。

◆“简单”选项卡如图6-51所示。

·长度：用于设置运动样条产生曲线的长度。

·步幅：用于设置运动样条产生曲线的分段数。该数值越高，曲线越光滑。

·分段：用于设置运动样条产生曲线的数量。

·角度H/角度P/角度B：用于设置运动样条在3个方向的旋转角度。

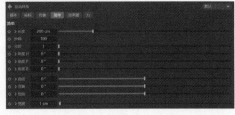

图6-51

·曲线/弯曲/扭曲：用于设置运动样条在3个方向的扭曲程度。

·宽度：用于设置运动样条所产生曲线的粗细。

◆“样条”选项卡如图6-52所示。

将自定义的样条曲线拖动至“源样条”栏，此时产生的运动样条形态就是指定的样条曲线形态。

图6-52

8. "运动挤压"工具

将其作为变形器使用,需要将被变形物体作为"运动挤压"变形器的父层级。创建一个立方体对象,再创建一个运动挤压对象作为立方体对象的子对象,立方体的6个面被分别挤压,并且新挤压的面会越来越小,如图6-53所示。

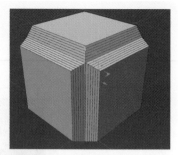

图6-53

◆ "对象"选项卡如图6-54所示,用于修改变形的模式和挤出步幅的大小。

图6-54

· 变形:当"效果器"选项卡中有效果器时,该参数用于设置效果器对变形物体作用的方式。选择"从根部"选项后,物体在效果器的作用下整体变化一致;选择"每步"选项后,物体在效果器作用下发生递进式的变化效果。

· 挤出步幅:用于设置变形物体挤出的距离和分段。该数值越大,距离越大,分段越多。

· 多边形选集:通过设置多边形选集,可指定仅多边形物体表面部分受到挤压变形器的作用。

· 扫描样条:当"变形"被设置为"从根部"时,该参数可用。可以指定一条曲线作为变形物体挤出时的形状,且调节曲线的形态影响最终变形物体挤出的形态。

9. "多边形(Poly)FX"工具

可以对多边形各个面或样条各个部分产生不同影响,多边形(Poly)FX工具可以被当作多边形或样条对象的子对象,其"对象"选项卡如图6-55所示。

图6-55

模式:包含"整体面(Poly)/分段"和"部分面(Polys样条)"两个选项。

· 整体面(Poly)/分段:选择该选项后,对多边形或样条对象进行位移、旋转、缩放操作时,会以多边形或样条对象的独立整体为单位。

· 部分面(Polys样条):选择该选项后,对多边形或样条对象进行位移、旋转、缩放操作时,会以多边形或样条对象的每个分段为单位。

10. "运动图形选集"工具

其可以给运动图形设置相应的选集,添加的效果器只会影响选集部分。创建"放射克隆"对象,再执行"运动图像选集"命令,选中放射克隆对象中的4个克隆对象,克隆对象上灰色的点会变为浅黄色,如图6-56所示。给克隆对象添加一个随机效果器,效果器只影响选集部分,即只有选中的放射克隆对象中4个克隆对象发生了随机变化,如图6-57所示。

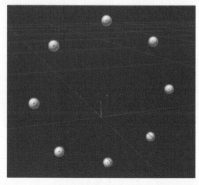

图6-56

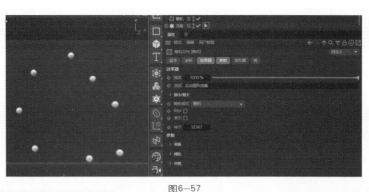

图6-57

11. "线形克隆"工具

为快速克隆工具。首先创建一个模型对象"球体"，选择"运动图形"→"线形克隆工具"命令，在"对象"栏中选择模型对象后，在视图窗口中长按鼠标左键进行拖曳，在拖曳的过程中将出现以线形方式克隆的模型对象，如图6-58所示。

图6-58

12. "放射克隆"工具

为快速克隆工具。首先创建一个模型对象"球体"，选择"运动图形"→"放射克隆工具"命令，在"对象"栏中选择模型对象后，在视图窗口中长按鼠标左键进行拖曳，在拖曳的过程中将出现以放射方式克隆的模型对象，如图6-59所示。

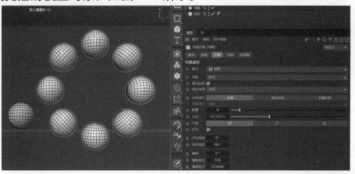

图6-59

13. "网格克隆"工具

为快速克隆工具。首先创建一个模型对象"球体"，选择"运动图形"→"网格克隆工具"命令，在"对象"栏中选择模型对象后，在视图窗口中长按鼠标左键进行拖曳，在拖曳的过程中将出现以网格方式克隆的模型对象，如图6-60所示。

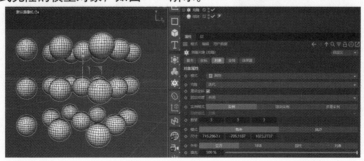

图6-60

6.1.3 课堂案例：利用克隆工具制作卡通时钟盘 ▽

本案例主要利用克隆工具、圆柱体、球体、平面制作卡通时钟盘，最终效果如图6-61所示。

图6-61

01 创建一个"圆柱体"对象作为钟盘，设置"半径"为30cm，"高度"为2cm，"高度分段"为2，"旋转分段"为60，如图6-62所示。

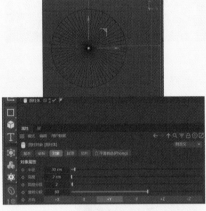

图6-62

02 创建一个"球体"对象，设置"半径"为2.5cm，"分段"为32，"类型"为半球体，如图6-63所示。

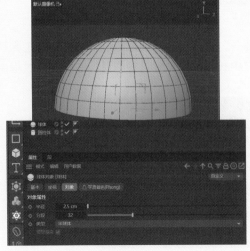

图6-63

03 选择"运动图形"→"克隆"命令，在"对象"栏中选择球体，将其设置为"克隆"对象的子对象，如图6-64所示。

微课：利用克隆工具制作卡通时钟盘

图6-64

04 选择"克隆"对象，设置"模式"为放射，"数量"为12，"半径"为25cm，如图6-65所示。

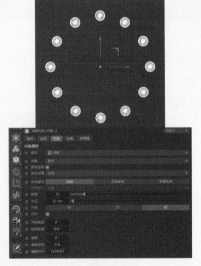

图6-65

05 利用"旋转"按钮，调整时钟钟盘方向，如图6-66所示。

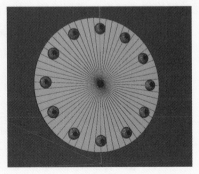

图6-66

06 在表盘中心处创建一个"球体"对象，设置"半径"为2cm，"分段"为32，"类型"为半球体，如图6-67所示。

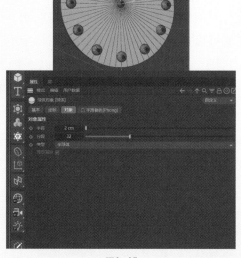

图6-67

07 创建一个"平面"作为时钟的时针，相关参数设置如图6-68所示。

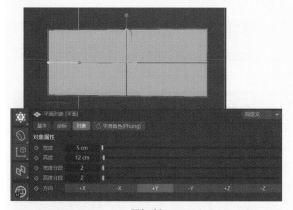

图6-68

08 将"平面"转化为可编辑对象，在点模式下，调整平面两端的指针，如图6-69所示。

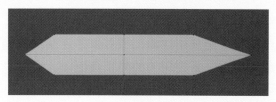

图6-69

09 复制步骤08中制作的"平面"，分别作为时钟的分针和秒针，如图6-70所示。

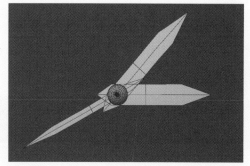

图6-70

10 时钟盘模型的最终效果如图6-71所示。

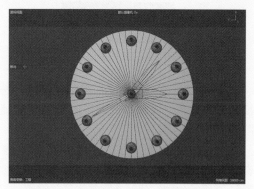

图6-71

6.2　关键帧动画

动画的概念不同于一般意义上的动画片，动画是一种综合艺术，它是集合绘画、电影、数字媒体、摄影、音乐、文学等众多艺术门类于一身的艺术表现形式。动画技术较规范的定义是采用逐帧拍摄对象并连续播放而形成运动的影像技术，即在一定时间内连续快速地观看一系列相关的静止画面时，会感觉到连续的动作。每一张图片在动画中就被称为一帧，也是动画时间的基本单位。

关键帧动画，是动画中的一种。首先准备一组与时间相关的值，这些值都是在动画序列中比较关键的帧提取出来的，而其他时间帧中的值可以通过这些关键值，采用特定的插值方法计算得到，从而达到较为流畅的动画效果。对于一般的二维动画，都是以一秒24帧为标准，以保证画面播放流畅，但由于现代科技的发展，动画帧数可以不用达到一秒24帧。

关键帧动画是Cinema 4D中最为基础的动画内容之一，其原理是在不同的时间赋予对象不同的状态，产生动画效果。Cinema 4D的视窗界面下方是"动画"工具栏，如图6-72所示。

图6-72

6.2.1　关键帧工具 ▼

关键帧工具包括自动关键帧（图6-73）和记录活动对象（图6-74）。

图6-73

图6-74

◆ 自动关键帧：单击"自动关键帧"按钮，视窗变为红色，则表示此时可以记录关键帧，如图6-75所示。

◆ 记录活动对象：通过拖动时间轴，单击"记录活动对象"按钮可以添加关键点。如图6-76所示分别在45F和55F添加了关键点。

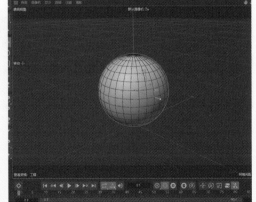

图6-75

图6-76

6.2.2 "播放"按钮 ▽

"播放"按钮用于在制作动画时播放、跳转动画,如图6-77所示。

◆转到开始:单击"转到开始"按钮,即可将时间跳转至时间轴最左侧,如图6-78所示。

◆转到上一关键帧:单击"转到上一关键帧"按钮,即可将时间跳转至上一个添加的关键帧,如图6-79所示。

◆转到上一帧:单击"转到上一帧"按钮,即可将时间向前跳转一个帧,如图6-80所示。

◆向前播放:单击"向前播放"按钮,即可播放动画,如图6-81所示。

◆转到下一帧:单击"转到下一帧"按钮,即可将时间向后跳转一个帧,如图6-82所示。

◆转到下一关键帧:单击"转到下一关键帧"按钮,即可将时间跳转至下一个添加的关键帧,如图6-83所示。

◆转到结束:单击"转到结束"按钮,即可将时间跳转至时间轴最右侧,如图6-84所示。

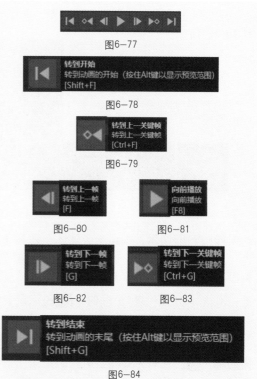

图6-77

图6-78

图6-79

图6-80　　　　　　图6-81

图6-82　　　　　　图6-83

图6-84

6.2.3 时间工具和时间轴 ▽

1. 时间工具

用于设置时间轴中的时间长短、起始、结束时间的帧数,如图6-85所示。

图6-85

起始帧数: [0 F] 用于调整动画起始的帧数。

时间轴中显示的帧数: [0 F ──── 90 F] 拖动两端的按钮即可调整时间轴中显示的起始和结束帧数。

结束帧数: [90 F] 用于调整动画结束的帧数。

2. 时间轴

用于调整不同的时间位置,在时间轴中拖动鼠标,即可将时间移动至不同的位置,如图6-86所示为拖动到20F的位置。

图6-86

1
2
3
4
5
6
7
8
9

6.2.4　时间线窗口

时间线窗口是动画制作中起到重要作用的窗口，每段动画的调节都需要在这个窗口中进行，如图6-87所示。

图6-87

1. 记录关键帧

如图6-88所示，创建一个球体，在其"属性"选项卡中"坐标"参数面板的"变换"参数中，P\R\S分别指立方体的移动、旋转、缩放，X\Y\Z分别代表3个轴向，◇是记录关键帧的标记。

当时间指针在第0帧开始时，单击P.Y前面的标记◇，代表为模型当前状态记录了关键帧，此时标记◇变为实心的红色标记◆，如图6-89所示。

在时间轴中拖动鼠标，将时间拖动到90F的位置。将球体对象沿着Y轴移动2000cm，如图6-90所示。此时，P.Y前面的红色实心标记已经变成黄色标记◆，黄色标记代表移动后需要记录关键帧，如图6-91所示。单击黄色标记，此时黄色标记变为红色实心标记◆，红色实心标记代表记录关键帧成功，如图6-92所示。

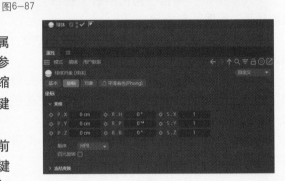

图6-88

图6-89

图6-91

图6-90

图6-92

单击"向前播放"按钮▶，即可播放动画。球体对象将沿着Y轴产生一段位移动画，从坐标原点沿着Y轴正方向移动2000cm，如图6-93～图6-96所示分别为时间指针在第0F、20F、50F、90F时，球体对象所处的不同位置。

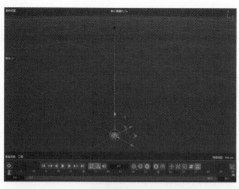

图6-93

图6-94

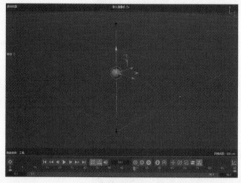

图6-95

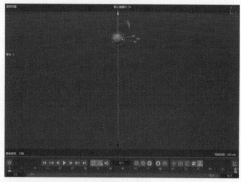

图6-96

2. 时间线窗口编辑

在完成记录关键帧后，单击视窗界面下方的"时间线窗口"按钮 ◇ ，即可调出时间线窗口，默认为当前处于摄影表模式，如图6-97所示。

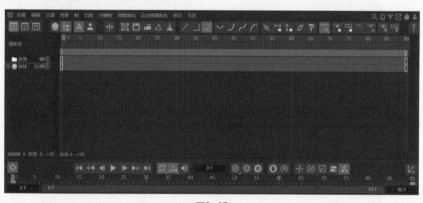

图6-97

时间线窗口用于对关键帧编辑操作，其基础操作命令相较于视图窗口存在部分差异。

·最大化显示对象的所有关键帧：H键。

·平移关键帧视图：Alt键＋鼠标中键。

·缩放关键帧视图：Alt键＋鼠标中键滚轮。

·横向拉伸关键帧视图：Alt键＋鼠标右键。

·使用鼠标左键点选或框选关键帧对象。

·添加关键帧：按住Ctrl键并单击相应的时间指针。

·删除关键帧：选中关键帧后按Delete键。

1
2
3
4
5
6
7
8
9

3．函数曲线模式

函数曲线决定了动画的速率和节奏，调用函数曲线的方式：在时间线窗口中，从摄影表模式⊙切换至函数曲线模式⟋，直接单击该按钮即可，函数曲线模式窗口如图6-98所示。

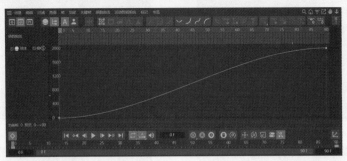

图6-98

函数曲线模式的基本操作和摄影表模式相同，但提供了多种类型。默认的函数曲线是样条类型⟋中的缓入-缓出形式⟋，即开始时是低速运动，结束时是减速运动。

◆线性函数曲线：按快捷键Ctrl+A选择所有的点，单击鼠标右键，在弹出的快捷菜单中选择"线性"命令，将曲线变成直线，如图6-99所示。或者选择所有的点后，直接单击"线性"图标⟋。线性模式是呈现匀速运动，整体的动画运动节奏平缓、舒适，是较为常用的一种函数曲线模式。

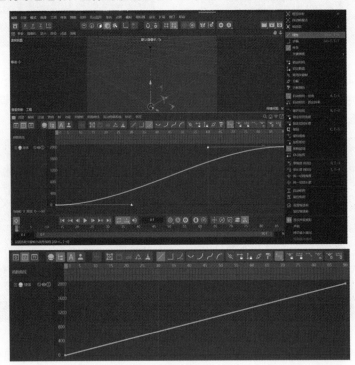

图6-99

◆样条-缓入函数曲线：按快捷键Ctrl+A选择所有的点，单击鼠标右键，在弹出的快捷菜单中选择"缓入"⟍命令。开始时低速运动，然后进入匀速运动，曲线呈上凸的形式，整体呈现匀减速运动，如图6-100所示。

◆样条-缓出函数曲线：按快捷键Ctrl+A选择所有的点，单击鼠标右键，在弹出的快捷菜单中选择"缓出"⟋命令。开始时匀速运动，然后进入低速运动，曲线呈下凹的形式，整体呈现匀加速运动，如图6-101所示。

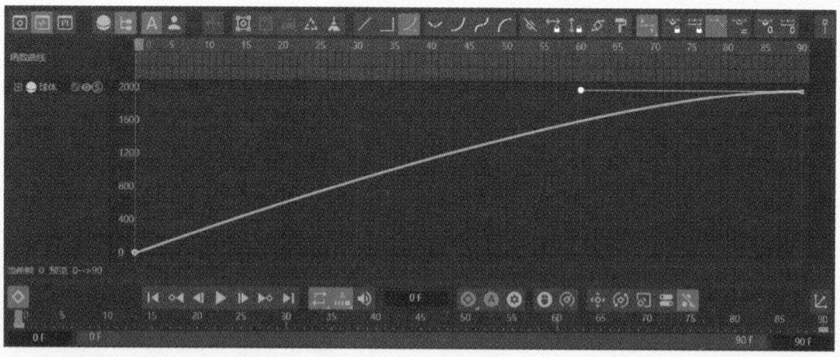

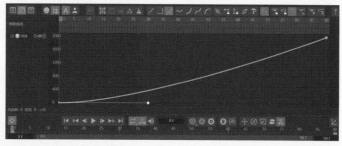

图6-100

图6-101

以上3种函数曲线分别表示匀速运动、匀减速运动和匀加速运动，是Cinema 4D最常用的3种函数曲线模式，可以满足动画的基本制作需求。

6.2.5 其他工具

Cinema 4D还包括其他动画工具，如图6-102所示。

◆关键帧选集：用于设置关键帧的选集对象，如图6-103所示。

◆运动记录：用于记录动画运动，如图6-104所示。

◆补间工具：用于辅助调整关键帧，如图6-105所示。

◆位置：用于记录动画位置，如图6-106所示。

◆旋转：用于记录动画旋转，如图6-107所示。

◆缩放：用于记录动画缩放，如图6-108所示。

◆参数：用于记录参数级别动画，如图6-109所示。

◆点级别动画：用于记录点级别动画，如图6-110所示。

◆坐标管理器：用于打开坐标属性的窗口，如图6-111所示。

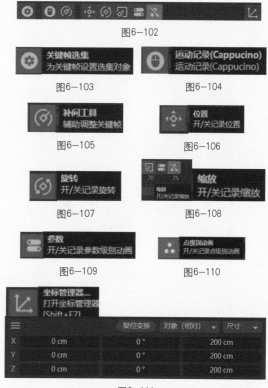

图6-102

图6-103   图6-104

图6-105   图6-106

图6-107   图6-108

图6-109   图6-110

图6-111

6.2.6　课堂案例：片头字体生成动画

本案例通过添加关键帧，同时结合Cinema 4D的效果器、生成器、变形器，制作出字体生成的动画效果，该动画效果可以运用于动画片头。其中，动画在150F、200F、250F、300F、400F时的效果如图6-112～图6-116所示。

微课：片头字体生成动画

图6-112

图6-113

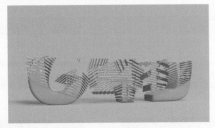

图6-114

图6-115

图6-116

01 创建"文本"对象，其"对象"选项卡中的设置如图6-117所示。

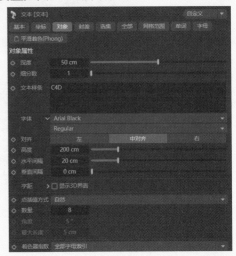

图6-117

02 "封盖"选项卡中的参数设置如图6-118所示。

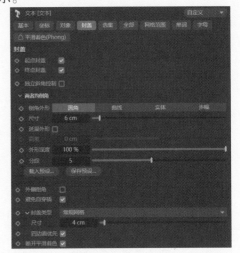

图6-118

03 文本效果如图6-119所示。

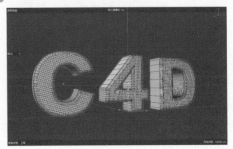

图6-119

04 将文本对象转化为可编辑对象后，选中文本对象并单击鼠标右键，在弹出的快捷菜单中选择"连接对象+删除"命令，在打开的对话框中参数设置如图6-120所示。

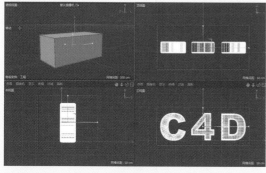

图6-120

05 创建"立方体"对象，调整立方体大小，让其完全覆盖文本对象，如图6-121所示。

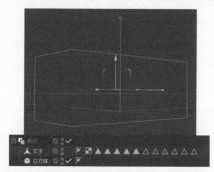

图6-121

06 创建"布尔"对象，将其作为"文本"对象和"立方体"对象的父级，如图6-122所示。

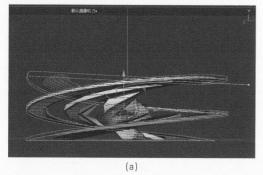

图6-122

07 为文本对象添加"扭曲"变形器，单击"匹配到父级"按钮，将"角度"调整为360°，如图6-123所示。

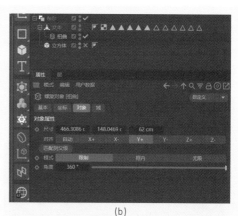

(b)

图6-123

08 选中"扭曲"和"立方体"，沿Y轴拖动，效果如图6-124所示。

(a)

图6-124

09 调节时间轴,当在0F位置时,单击"记录活动对象"按钮,如图6-125所示。再将时间轴拖动到400F的位置,沿Y轴向上移动"扭曲"和"立方体"后,再次单击"记录活动对象"按钮,如图6-126所示。单击"向前播放"按钮,测试动画效果。

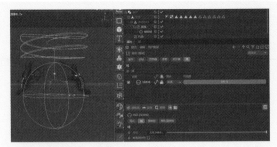

图6-128

图6-125

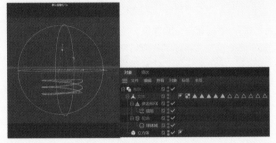

图6-129

图6-126

13 单击"向前播放"按钮,测试最终动画效果,动画在0F、150F、250F、400F时的效果如图6-130 ~ 图6-133所示。

10 继续为文本对象添加运动图形"多边形FX",同时将运动图形效果器"简易"作为"多边形FX"的子对象,"简易"选项卡中的参数设置如图6-127所示。

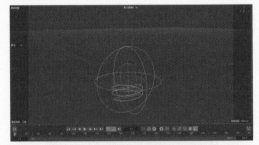

图6-130

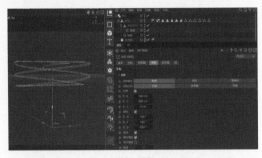

图6-127

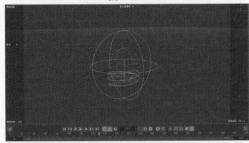

图6-131

11 继续调整"简易"的"域",双击域的空白处创建"球体域",调整球体域的大小,如图6-128所示。

12 移动"球体域",将其作为"扭曲"的子对象,如图6-129所示。

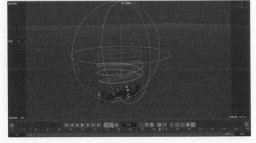

图6-132

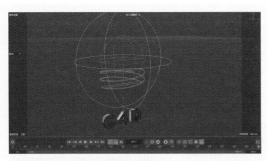

图6-133

14 最后为场景添加背景、平面、材质、灯光、摄像机等，设置"帧范围"为全部帧，将"保存"参数中的"类型"修改为动画，将"格式"设置为MP4，如图6-134和图6-135所示。

图6-135

图6-134

6.3　角色动画

角色动画通常指以人、物为基础形态，产生动画的变化，通常用于汽车广告、产品演示、动画短片、游戏场景等三维设计行业。Cinema 4D提供了丰富的角色动画工具，这些动画工具特性可以创造出活灵活现的动画角色，同时让动画操作更为便捷。例如，在电影中，Cinema 4D参与制作许多虚拟场景、物体和特效，如图6-136和图6-137所示。

图6-136

图6-137

6.3.1　"角色"动画工具 ▽

"角色"动画工具命令位于菜单栏的"角色"菜单项中，如图6-138所示。

1. 管理器

其包含3种选项，分别为"姿态库浏览器""权重管理器""顶点映射转移管理器"，如图6-139所示。

图6-138　　　　　　　　　　　　　　　　　　图6-139

2. 约束

其包含多种类别，能够将两个及两个以上的对象之间的运动关系进行管理和关联，如图6-140所示。

3. 角色、CMotion、角色创建

是角色动画中常用的动画工具，用于对角色的骨骼系统进行创建和修改，如图6-141所示。角色用于自动创建绑定好的骨骼，CMotion配合"角色"功能使用，能让骨骼自动运动，如让角色自动走路、沿着特定路径或表面运动。

4. 关节工具

其用于创建关节骨骼、IK链等内容，让角色的骨骼之间产生联系，如图6-142所示。IK链（IK Chain）表示具有嵌套关系的骨骼分组，受IK算法的影响。

5. 蒙皮

其用于创建角色的关节、蒙皮、肌肉、肌肉蒙皮、簇等内容，

图6-140

如图6-143所示。蒙皮是指在三维软件中创建的模型基础上，为模型添加骨骼。骨骼与模型原本相互独立，把模型绑定到骨骼上后，骨骼将驱动模型产生合理的运动。簇可以实现角色的柔性过渡，一般用于调整模型的面部表情动画。

6. 变形

其用于添加角色的姿态变形，如图6-144所示。

图6-141　　　　　图6-142　　　　　图6-143　　　　　图6-144

6.3.2　毛发 ▽

毛发是指具有毛状形态的物体，利用Cinema 4D的毛发技术可以模拟布料、刷子、头发、草坪等效果，引导线和毛发材质相互作用，可以形成真实的模型效果。现实中常见的毛发类型有动物皮毛、人类头发、毛绒玩具、植物等，如图6-145所示。

图6-145

毛发工具位于Cinema 4D菜单栏的"模拟"菜单项中，毛发"命令"不仅可以创建毛发，还可以对毛发进行属性的修改，如图6-146所示。

1．毛发对象

包含"添加毛发""羽毛""绒毛"，如图6-147所示。

图6-146　　　　　　　　　　　　　图6-147

创建一个球体对象，选中球体对象，选择"模拟"→"毛发对象"→"添加毛发"命令，即可为对象添加毛发，添加的毛发会以引导线的形式呈现，如图6-148所示。

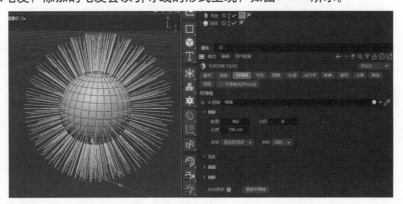

图6-148

毛发对象的属性栏中，包括引导线、毛发、视窗、生成等重要属性。

◆ "引导线"选项卡：用于设置毛发引导线的相关参数。通过引导线能直接观察毛发的生长效果，如图6-149所示。

· 数量：用于设置引导线的显示数量。

· 分段：用于设置引导线的分段。

·长度：用于设置引导线的长度，即毛发的长度。

·生长：用于设置毛发生长的方向，默认为对象的法线方向。

·发根：用于设置发根生长的位置，所包含的类型如图6-150所示。

◆ "毛发"选项卡：用于设置毛发生长数量、发根等参数，如图6-151所示。

·数量：用于设置毛发的渲染数量，如图6-152所示为数量分别为1000、20000的毛发。

分段：用于设置毛发的分段。

发根：用于设置毛发的分布形式。

偏移：用于设置发根与对象表面的距离。

最小间距：用于设置毛发间距。

图6-149

图6-150

图6-151

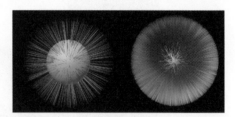

图6-152

◆ "视窗"选项卡：用于设置毛发的显示效果，默认为引导线线条，如图6-153所示。

·显示：用于设置毛发在视图中显示的效果。

·生成：用于设置显示的样式，默认为"与渲染一致"选项。

◆ "生成"选项卡：用于设置渲染毛发的形状，如图6-154所示。

·类型：用于设置毛发渲染的效果，各类型如图6-155所示。

图6-153

图6-154

图6-155

双击对象栏目中的"毛发材质"按钮▨，在界面的右下方出现"毛发材质"编辑器，可以对毛发的材质进行详细设置，如图6-156所示。需要注意的是，在"毛发材质"编辑器中调整毛发属性时，模型对象上的引导线并不会随之变化，需要通过渲染观察毛发效果。

◆ "颜色"选项卡中的参数：用于设置毛发的颜色及纹理效果，如图6-157所示。

图6-156

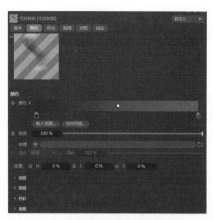

图6-157

· 颜色：用于设置毛发的颜色。

· 亮度：用于设置材质颜色显示的程度，数值为0%时是纯黑色、100%时为材质的颜色、超过100%时为自发光效果。

· 纹理：是为材质加载内置纹理或外部贴图的通道。

◆ "高光"选项卡中的参数：用于设置毛发的高光颜色，默认为白色，如图6-158所示。

· 颜色：用于设置毛发的高光颜色，白色表示反光最强。

· 强度：用于设置毛发的高光强度。

· 锐利：用于设置高光与毛发的过渡效果，数值越大，边缘越锐利。

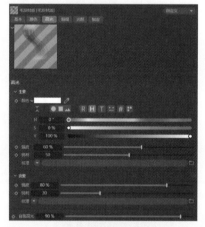

图6-158

◆ "粗细"选项卡中的参数：用于设置发根与发梢的粗细，如图6-159所示。

· 发根：用于设置发根的粗细数值。

· 发梢：用于设置发梢的粗细数值。

· 变化：用于设置发根到发梢粗细的变化数值。

◆ "长度"选项卡中的参数：用于设置毛发的长度及长度差，如图6-160所示。

· 长度：用于设置毛发长度。

· 变化：数值越大，毛发之间的长度差距越大。

· 数量：用于设置要进行长度差距变化的毛发比例。

◆ "集束"选项卡参数：用于使毛发形成集束效果，如图6-161所示。

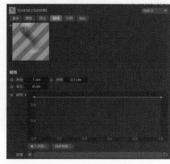

图6-159

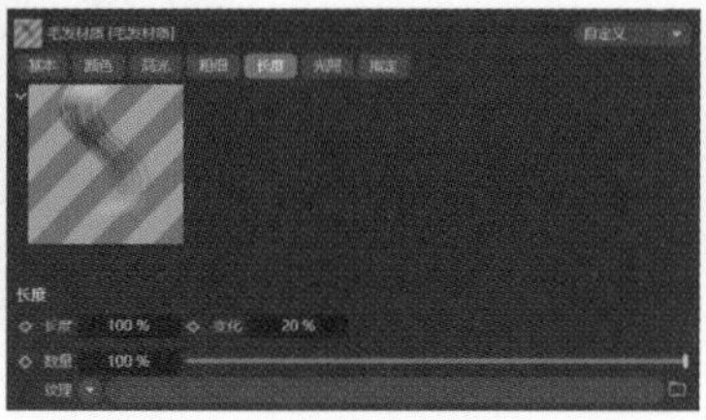

图6-160

图6-161

·数量：用于设置毛发需要集束的比例。

·集束：用于设置毛发集束的程度，数值越大，集束效果越明显，如图6-162所示为集束分别为10%和80%的毛发。

·半径：用于设置集束的半径。

◆"卷曲"选项卡中的参数：用于使毛发卷曲，如图6-163所示。

·卷曲：用于设置毛发卷曲的程度，如图6-164所示卷曲分别为20%、80%的毛发。

·变化：用于设置毛发在弯曲时的差异性。

·总计：用于设置需要弯曲的毛发比例。

·方向：用于设置毛发弯曲的方向，包含全局、局部、随机、毛发4种方式。

·轴向：用于设置毛发弯曲的轴向。

2. 毛发模式

可以切换毛发生长的模式，如图6-165所示。

3. 毛发编辑

可以对已经创建完成的毛发进行编辑调整，如图6-166所示。

4. 毛发选择

用于切换毛发的选择方式，如图6-167所示。

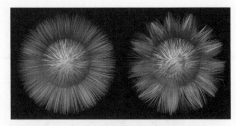

图6-162

图6-163

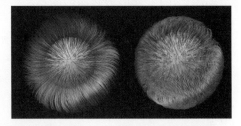

图6-164

图6-165

图6-166

图6-167

5. 毛发工具

用于对毛发进一步加工处理，如图6-168所示。

◆移动、旋转、缩放工具：用于设置毛发的生长方向。

◆梳理工具：用于梳理毛发，通过拖动鼠标改变发型。

◆卷曲工具：用于设置毛发卷曲的效果。

◆修剪工具：通过拖动鼠标修剪毛发。

◆拉直工具：用于设置将弯曲的毛发拉直。

6. 毛发选项

毛发选项用于为毛发增加"对称"及"动力学"效果，如图6-169所示。

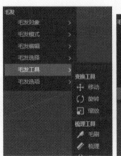

图6-168

图6-169

6.3.3　课堂案例：使用添加毛发工具制作卡通字母

本案例主要使用添加毛发工具为三维卡通文字设置毛发，最终的毛绒字体效果如图6-170所示。

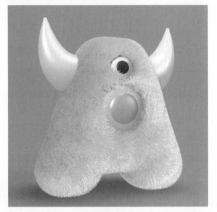

图6-170

01 打开本书配套资源"Chapter6\素材文件\卡通字母A.c4d"，如图6-171所示。

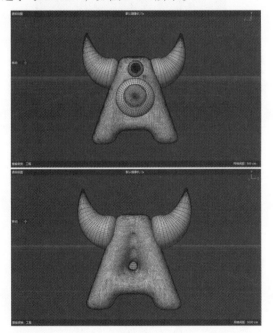

图6-171

02 选中对象栏中的"细分曲面"对象，如图6-172所示。

03 选择"模拟"→"毛发对象"→"添加毛发"命令，选择"引导线"选项卡，设置"数量"为5000，"分段"为8，"长度"为20cm，如图6-173所示。

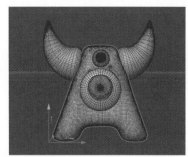

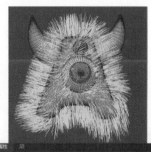

图6-172

图6-173

04 在"毛发"选项卡中设置数量为50000，"分段"为12，如图6-174所示。

图6-174

05 单击"渲染到图像查看器"按钮，观察此时的模型毛发状态，如图6-175所示。

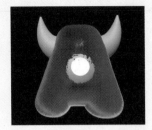

图6-175

06 分别选择"模拟"→"毛发对象"→"毛发选择"命令和"模拟"→"毛发对象"→"毛发工具"命令，利用"套索选择"选择卡通模型中眼睛部位的毛发引导线，对其进行"修剪"，如图6-176所示。修剪后单击"渲染到图像查看器"按钮，如图6-177所示。

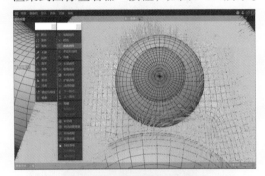

图6-176

图6-177

07 在"毛发材质"编辑器中，修改"粗细"选项卡中的"发根"为3mm，如图6-178所示。

图6-178

08 修改"颜色"为蓝色，"亮度"为70%，如图6-179所示。

图6-179

09 添加"集束"，如图6-180所示。

图6-180

10 添加"卷发"为30%，"变化"为20%，如图6-181所示。

图6-181

11 为卡通字母A添加场景背景及灯光，调整其整体位置及大小，如图6-182所示。

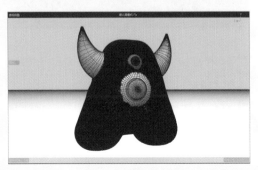

图6-182

6.4　知识与技能梳理

　　本章详细讲解了Cinema 4D中运动图形的基本概念、运动图形中效果器的类型及使用方法、运动图形工具的类型和使用方法等。通过本章的学习，可以借助效果器及各类运动图形工具的不同特点制作出多种特殊的模型效果和动画效果。在动画模块中，本章主要讲解了动画的基本制作流程；在关键帧动画中，重点应掌握使用自动关键帧、记录活动对象设置关键帧动画，能够使用关键帧动画制作旋转、位移、缩放、参数动画等简易的动画效果。其中，函数曲线决定了一段动画的运动节奏是否流畅，因此需熟练掌握匀加速运动、匀减速运动、匀速运动3种常用函数曲线类型；在角色动画中，角色动画工具和毛发是本章的学习重点，通过学习可以制作基础的模型毛发效果等。

　　◙ 重要工具：运动图形工具中的效果器、生成器、变形器。

　　◙ 核心技术：关键帧动画。

　　◙ 实际运用：运动图形工具的应用，关键帧动画的基本制作流程，角色动画中骨骼、毛发的运用。

6.5　课后练习

一、选择题（共3题），请扫描二维码进入即测即评。

6.5　课后练习

1．Cinema 4D克隆对象的菜单包含（　　　）属性。

A. 基本、坐标、对象变换、效果器

B. 基本、坐标、对象

C. 基本、坐标、对象变换

D. 对象

2．毛发命令只存在于（　　　）。

A. 动画命令

B. 模拟命令

C. 运动图形命令

D. 角色命令

3．Cinema 4D中有不同的视频标准，播放的帧速率也略有不同，下列描述正确的是（　　　）。

A. 电影为24帧/秒

B. 游戏为25帧/秒

C. 电视为40帧/秒

D. 以上选项均正确

二、简答题

1．举例说明Cinema 4D中的运动图形工具类型。

2．简要说明Cinema 4D关键帧动画制作流程。

3．试比较Cinema 4D动画制作过程中常用的3种函数曲线模式。

173

Chapter **7**

粒子与动力学技术

　　运用 Cinema 4D 的粒子和动力学技术，可以模拟自然界中的烟雾、水流、雨雪等现象，粒子运动效果常用于影视栏目包装，如碎片、爆炸、流动等特殊效果。发射器粒子是 Cinema 4D 软件中用于制作处于运动状态、数量众多并且随机分布的颗粒状效果的重要工具。动力学工具用于模拟真实的物体碰撞，通常配合发射器粒子使用。

<table>
<tr><td rowspan="3">学习要求</td><td rowspan="2">知识点</td><td colspan="4">学习目标</td></tr>
<tr><td>了解</td><td>掌握</td><td>应用</td><td>重点知识</td></tr>
<tr><td>粒子</td><td></td><td>🚩</td><td></td><td></td></tr>
<tr><td rowspan="3"></td><td>力场</td><td></td><td>🚩</td><td></td><td></td></tr>
<tr><td>子弹标签</td><td></td><td>🚩</td><td></td><td></td></tr>
<tr><td>模拟标签</td><td></td><td>🚩</td><td></td><td></td></tr>
</table>

能力与素养
目标

7.1 粒子

粒子工具用于模拟粒子碎片化的动画效果，可以设置发射方式和发射对象的类型。在菜单栏中选择"模拟"命令，在其"粒子"栏中包含发射器和烘焙粒子，如图 7-1 所示。

图7-1

7.1.1 发射器 ▼

选择"模拟"→"发射器"命令，创建一个粒子发射器，如图 7-2 所示。拖动时间轴，将会看到粒子产生发射的效果，如图 7-3 所示。

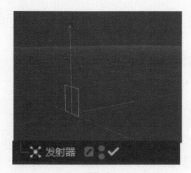

图7-2

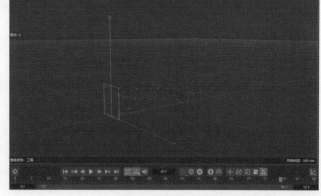

图7-3

1. "粒子"选项卡

如图 7-4 所示，在其基本属性中可更改发射器的名称，设置编辑器和渲染器的显示状态等。坐标表示对粒子发射器的 P/S/R 在 x/y/z 轴上的数值进行设定。包括用于设定力场是否参与影响粒子，将力场拖曳入排除框内即可。粒子的部分重点参数的具体含义如下。

(a)   (b)

图7-4

◆视窗生成比率：用于设置粒子数量，如图 7-5 和图 7-6 所示分别为粒子数量 20 和 100 的效果。

◆渲染器生成比率：粒子实际渲染生成的数量。场景需要大量粒子时，为便于编辑器操作顺畅，可将编辑器中发射数量设置为适量，而将渲染器生成比率设置为实际需要的数量。

1
2
3
4
5
6
7
8
9

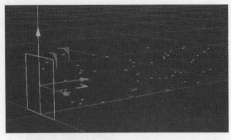

图7-5

图7-6

◆可见：用于现实粒子数量的百分比，数值越大则显示的粒子越多，如图 7-7 和图 7-8 所示分别为 20% 和 100% 的效果。

图7-7

图7-8

◆投射起点：用于设置粒子发射的开始时间。

◆投射终点：用于设置粒子发射的结束时间。

◆种子：用于设置粒子发射的随机效果，数字代表随机的种类代号。

◆生命、变化：用于设置粒子的生命和随机变化。

◆速度、变化：用于设置粒子的速度和随机变化。

◆旋转、变化：用于设置粒子的旋转和随机变化。

◆显示对象：选中该复选框，将显示粒子的三维实体效果。如图7-9所示，需要先创建一个模型对象作为"发射器"对象的子对象，并选中"显示对象"复选框。粒子效果如图7-10所示。

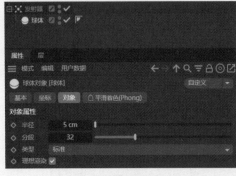

图7-9

图7-10

◆终点缩放、变化：用于设置粒子最终的尺寸和随机变化，如图 7-11 和图 7-12 所示终点缩放数值分别为 5 和 50 的效果，变化数值均为 10%。

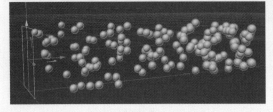

图7-11

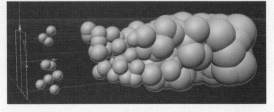

图7-12

2．"发射器"选项卡

如图 7-13 所示，发射器类型包括角锥和圆锥，圆锥没有"垂直角度"设定项，其中各重点参数的具体含义如下。

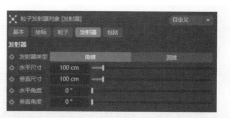

图7-13

◆发射器类型：用于设置发射器类型，分为角锥和圆锥。

◆水平尺寸/垂直尺寸：用于设置发射器水平方向和垂直方向的大小。

◆水平角度/垂直角度：用于设置发射器水平向外发射的角度和垂直向外发射的角度。如图7-14和图7-15所示的水平角度数值分别为0°和150°的效果。

图7-14

图7-15

7.1.2 烘焙粒子 ▽

粒子发射器创建完成后，选择"模拟"→"烘焙粒子"命令，可以在时间轴中通过拖动烘焙后的粒子进行回放，如图 7-16 所示。

"烘焙粒子"对话框中的各重点参数具体含义如下。

◆起点：用于设置烘焙粒子的开始时间。

◆终点：用于设置烘焙粒子的结束时间。

◆每帧采样：用于设置采样数值。

◆烘焙全部：用于设置烘焙粒子的全部帧数。

图7-16

7.1.3 课堂案例：制作纸飞机飞舞动画 ▽

本案例通过添加粒子发射器，制作纸飞机飞舞的动画效果。其中，动画在 0F、50F、100F、200F、300F 时的效果如图 7-17 所示。

微课：制作纸飞机飞舞动画

图7-17

1
2
3
4
5
6
7
8
9

01 打开本书配套资源"Chapter 7\素材文件\纸飞机.caj"模型对象，如图7-18所示。

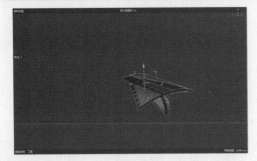

图7-18

02 创建一个粒子发射器，将纸飞机模型对象作为"发射器"对象的子对象，并选中"显示对象"复选框，效果如图7-19所示。

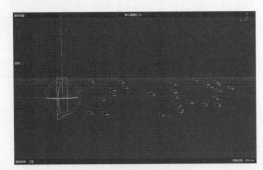

图7-19

03 在"粒子发射器"对象中的"粒子"选项卡中，参数设置如图7-20所示。单击"向前播放"按钮，测试粒子运动效果。

图7-20

04 选择"模拟"→"烘焙粒子"命令，在粒子发射器对象后方出现"烘焙粒子"标签，如图7-21所示。

图7-21

05 继续创建两个"热气球"模型对象，如图7-22所示。

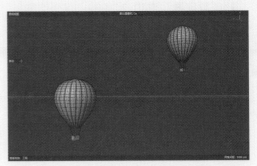

图7-22

06 将时间轴分别拖动到20F和150F，为第1个"热气球"模型对象添加沿Y轴移动的关键帧。再将时间轴分别拖动至40F和180F，为第2个"热气球"模型对象添加沿Y轴移动的关键帧，如图7-23所示。单击"向前播放"按钮，测试热气球运动的效果。

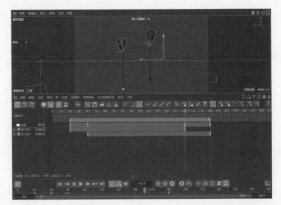

图7-23

07 最后为场景添加背景、材质、摄像机，测试动画分别在0F、50F、300F时的效果，如图7-24～图7-26所示。

图7-24

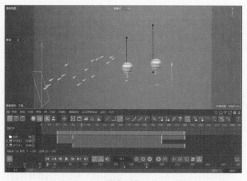

图7-25　　　　　　　　　　　　　　　图7-26

7.2　力场

　　Cinema 4D 中的力场相当于现实世界中的作用力，其依附于对象存在。力场可以模拟多种物理现象，如粒子受力、重力、粘性、摩擦力等，用于增加场景的复杂性，为场景添加深度和动感。在创建力场前，需要准备粒子源、粒子群或一个模型。再在粒子上添加力场，可以选择不同类型的力场，Cinema 4D 提供了 9 种力场，分别是吸引场、偏转场、破坏场、域力场、摩擦力、重力场、旋转、湍流、风力，如图 7-27 所示，下面对主要的力场进行介绍。

图7-27

7.2.1　吸引场

　　吸引场可以让粒子在碰撞时产生互相吸引汇聚或互相排斥散开的效果。

　　创建粒子发射球体，并选择"模拟"→"力场"→"吸引场"命令，拖动时间轴，粒子在接触到吸引场时产生了汇聚效果，如图 7-28 所示。"吸引场"的"对象"选项卡如图 7-29 所示，其中各重点参数的具体含义如下。

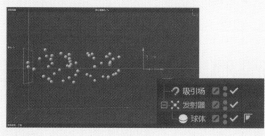

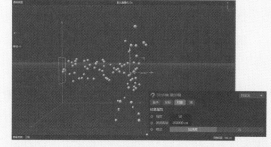

图7-28　　　　　　　　　　　　　　　图7-29

　　◆强度：用于设置粒子引力强度，当数值为正时，产生互相吸引汇聚；当数值为负时，互相排斥散开。

　　◆速度限制：用于设置粒子汇聚或散开的运动速度。

　　◆模式：用于设置引力的方式，包括加速度和力。

7.2.2　破坏场 ▽

破坏场可以让粒子产生消失的效果。

创建粒子发射球体，选择"模拟"→"力场"→"破坏场"命令，拖动时间轴，粒子在接触到破坏场时产生了消失效果，如图 7-30 所示。破坏场的"对象"选项卡如图 7-31 所示，其中各重点参数的具体含义如下。

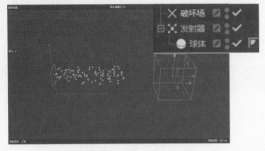

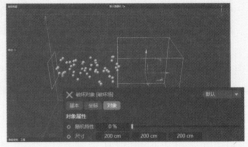

图7-30　　　　　　　　　　　　　图7-31

◆随机特性：用于设置粒子消失的程度，数值越小，粒子接触到破坏场的机会越大，如图 7-32 所示的随机特性数值分别为 0%、30%、80%。

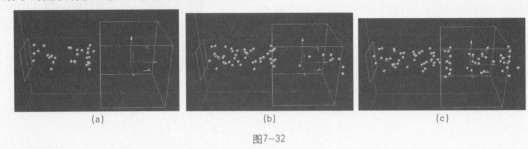

(a)　　　　　　　　　　(b)　　　　　　　　　　(c)

图7-32

◆尺寸：用于设置破坏场的尺寸。

7.2.3　域力场 ▽

域力场通常结合动力学、布料、毛发，产生丰富的变化效果，可以使用各种域对象甚至多个域进行叠加或相减来对模型对象产生影响，从而设计出更可控的动画。

创建粒子发射器并修改其尺寸，如图 7-33 所示。选择"模拟"→"力场"→"域力场"命令，调整域力场位置和粒子发射器重叠，如图 7-34 所示。

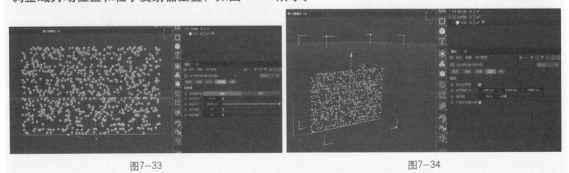

图7-33　　　　　　　　　　　　　图7-34

　　在域力场的"对象"中创建"实体域"，调整其方向及线密度，其参数如图7-35所示。单击"向前播放"按钮，粒子将沿"实体域"中设定的方向斜向运动，效果如图7-36所示。

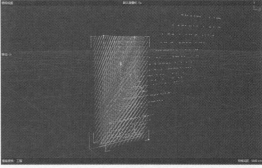

图7-35　　　　　　　　　　　　　　　　　　图7-36

7.2.4　重力场 ▽

　　重力场就是让粒子受到垂直向下的力，产生重力下落的效果。

　　创建粒子发射球体，选择"模拟"→"力场"→"重力场"命令，如图7-37所示。拖动时间轴，粒子在接触到重力场时受到了重力从而产生下落的效果，如图7-38所示。重力场的"对象"选项卡如图7-39所示，其中各重点参数的具体含义如下。

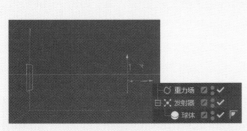

图7-37　　　　　　　　　图7-38　　　　　　　　　图7-39

◆加速度：用于设置重力的加速度，数值越大则粒子下落速度越快。

◆模式：用于设置重力方式。

7.2.5　湍流 ▽

　　湍流可以让粒子产生湍流紊乱的运动效果。创建粒子发射球体，选择"模拟"→"力场"→"湍流"命令，如图7-40所示。拖动时间轴，粒子在接触到湍流时从原本的匀速直线运动转变为随机运动的效果，如图7-41所示。

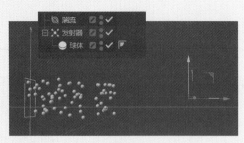

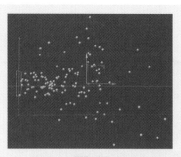

图7-40 图7-41

湍流的"对象"选项卡如图 7-42 所示，其中各重点参数的具体含义如下。

◆强度：用于设置湍流的强度，数值越大则粒子随机运动程度越强。

◆缩放：用于设置湍流后粒子扩散的范围，数值越大则粒子随机运动扩散范围越大。

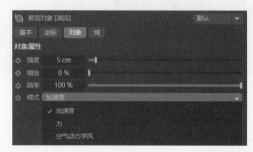

图7-42

7.2.6　风力

风力可以让粒子产生被风吹散的效果。创建粒子发射球体，选择"模拟"→"力场"→"风力"命令，如图 7-43 所示。拖动时间轴，粒子在接触到风力时产生了被风吹散的效果，如图 7-44 所示。

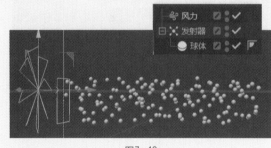

图7-43

图7-44

风力的"对象"选项卡如图 7-45 所示，其中各重点参数的具体含义如下。

◆速度：用于设置风力的大小。

◆紊流：用于设置粒子被风吹动时产生的紊乱效果，如图 7-46 和图 7-47 分别是紊流 0% 和 50% 的效果。

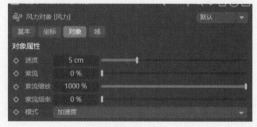

图7-45

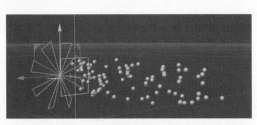

图7-46

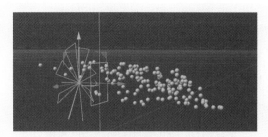

图7-47

7.2.7 课堂案例：利用湍流、风力制作节日场景氛围动画 ▼

本案例利用湍流、风力，结合粒子发射器，制作出烘托节日场景氛围的动画效果。其中，动画在0F、50F、130F时的效果如图7-48～图7-50所示。

图7-48

图7-49

图7-50

01 打开本书配套资源"Chapter 7\素材文件\节日场景.c4d"，如图7-51所示。

微课：利用湍流、风力制作节日场景氛围动画

图7-51

02 创建一个"球体"对象，再创建一个粒子"发射器"，将球体模型对象作为"发射器"对象的子对象，如图7-52所示，并选中"显示对象"复选框。

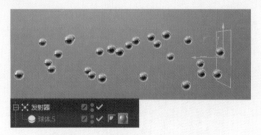

图7-52

03 分别选择粒子发射器对象中的"粒子"和"发射器"选项卡，参数设置如图7-53所示。单击"向前播放"按钮，测试粒子的运动效果。

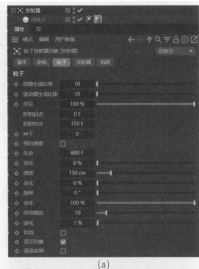

(a)

(b)

图7-53

04 移动已经创建好的粒子发射器，将其放置在场景中右侧的位置，如图7-54所示。

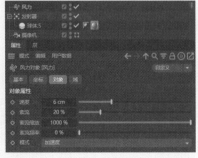

图7-54

05 选择"模拟"→"力场"→"风力"命令，创建一个风力对象，参数设置如图7-55所示。

图7-55

06 调整风力对象的位置，让风力引导粒子从右侧向左侧移动，如图7-56所示。

图7-56

07 选择"模拟"→"力场"→"湍流"命令，创建一个湍流对象，参数设置如图7-57所示。

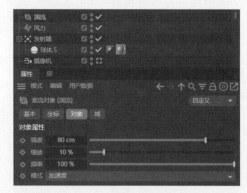

图7-57

08 调整湍流对象的位置，拖动时间轴，粒子在接触到湍流后产生随机运动效果，如图7-58所示。

图7-58

09 选择"模拟"→"烘焙粒子"命令，在粒子发射器对象后方出现"烘焙粒子"标签，如图7-59所示。

图7-59

10 最后单击"向前播放"按钮，测试粒子的运动效果。

7.3　子弹标签

Cinema 4D 的动力学可以模拟真实的物体碰撞，生成真实的运动效果，这是手动设置关键帧动画很难实现的，并且能够节省大量时间。但使用动力学同样需要进行很多参数测试和调试，从而得到理想的模拟效果。

如图 7-60 所示，选择"对象"→"标签"→"子弹标签"命令，Cinema 4D 在"子弹标签"中提供了 4 种模拟标签，分别是刚体、柔体、碰撞体、检测体。

图7-60

7.3.1　刚体 ▽

刚体指不能变形的物体，在外力作用下，刚体的体积和形状不会发生改变，用于制作参与动力学运算的坚硬对象，类似建筑墙砖、铺装地砖等。创建一个球体，在窗口左上角中选择"对象"→"标签"→"子弹标签"→"刚体"命令，为"球体对象"添加"刚体"标签。单击"向前播放"按钮，即可看到球体下落的动画效果，如图 7-61 所示，这里是因为默认刚体对象受到了重力影响而自然下落。

1．"动力学"选项卡

如图7-62所示，其中各重点参数的具体含义如下。

图7-61

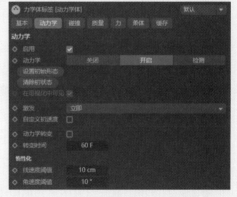

图7-62

◆启用：用于设置是否在视图中启用动力学，取消选中后，标签由紫色 ⚙ 变为灰色 ⚙。

◆动力学：包括关闭、开启、检测 3 种类型。关闭指刚体标签转化为碰撞体标签；开启指刚体标签，默认为开启；检测指刚体标签转化为检测体标签，此时不会发生碰撞。

◆设置初始形态：当动力学计算完成后单击该按钮，可以将对象当前的动力学设置恢复到初始形态。

◆清除初状态：用于清除动力学初始状态。

◆激发：用于设置影响动力学产生的时间。

◆自定义初速度：选中该复选框后，激活"初始线速度""初始角速度""对象坐标"参数。

◆初始线速度：用于设置物体在下落过程中沿着 X、Y、Z 轴的位移距离。

◆初始角速度：用于设置物体在下落过程中沿着 X、Y、Z 轴的旋转角度。

◆对象坐标：当选中该复选框后，表示使用物体本身的坐标系统；当取消选中该复选框后，表示使用世界坐标系统。

1
2
3
4
5
6
7
8
9

◆动力学转变：当选中该复选框后，可以在任何时间停止计算动力学效果。

◆转变时间：用于设置动力学对象返回初始状态的时间。

◆线速度阈值、角速度阈值：用于优化动力学计算。

2."碰撞"选项卡

如图7-63所示，其中各重点参数的具体含义如下。

图7-63

◆继承标签：对于由父子级关系的成组物体，让碰撞效果只针对父级中的子对象产生作用。

◆独立元素：将对克隆对象和文本中的元素进行不同级别的碰撞。

◆本体碰撞：当选中该复选框后，克隆对象之间会发生碰撞；当取消选中该复选框后，物体在碰撞时会发生穿插效果。

◆使用已变形对象：当选中该复选框后，用于设置是否使用已经变形的对象。

◆外形：可选择外形类型，用于替换碰撞对象本身进行计算，如图7-64所示。

图7-64

◆尺寸增减：用于设置碰撞的范围大小。

◆使用、边界：当选中"使用"复选框后，可以设置"边界"。当边界数值为0cm时，可以减少渲染时间，但碰撞时的稳定性较低，物体间可能会相交，一般情况下不选中该复选框。

◆保持柔体外形：当选中该复选框后，将计算该对象被碰撞后会产生真实的反弹效果。

◆反弹：用于设置对象撞击刚体时反弹的程度，当反弹值为0%时，不会出现反弹效果。

◆摩擦力：用于设置物体之间的摩擦力。

◆碰撞噪波：用于设置物体下落碰撞的效果，数值越高则碰撞后的动画效果越真实。

3."质量"选项卡

如图7-65所示，其中各重点参数的具体含义如下。

◆使用：用于设置物体质量的密度，包括"全局密度""自定义密度""自定义质量"3种类型。

◆旋转的质量：用于设置下落物体旋转的质量。

◆自定义中心、中心：默认取消选中该复选框，物体中心为真实的动力学对象。

图7-65

4."力"选项卡

如图7-66所示，其中各重点参数的具体含义如下。

◆跟随位移：用于设置物体位移时的速度，数值越大则跟随位移的速度越小。

◆跟随旋转：对于自身具有旋转动画的物体，用于设置物体在原始动画的基础上再次进行旋转的速度。

◆线性阻尼、角度阻尼：用于设置动力学运动过程中，对象发生位移和旋转时产生的阻尼。

◆力模式：包含排除和包括两种模式。

◆力列表：当"力模式"为"排除"时，列表中的力场将不会受到影响。

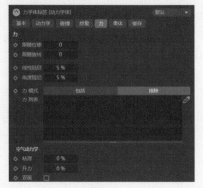

图7-66

◆粘滞：用于设置物体在下落过程中所受的阻力，减缓下落速度。

◆升力：用于设置物体在下落过程中碰撞的反向作用力。

◆双面：选中该复选框后，对物体的多个面都会产生影响。

7.3.2　柔体 ▼

柔体与刚体相对，是指会产生变形的物体，用于制作参与动力学运算的柔软且具有弹性的对象。柔体在力的作用下，物体的体积和形状将发生改变，类似气球、橡胶等。创建一个球体，选择"对象"→"标签"→"子弹标签"→"柔体"命令，为"球体对象"添加"柔体"标签。继续创建一个平面，选择"对象"→"标签"→"子弹标签"→"碰撞体"命令，为"平面"添加"碰撞体"标签。单击"向前播放"按钮，即可看到球体下落到平面时由于碰撞产生变形的动画效果，如图 7-67 所示。

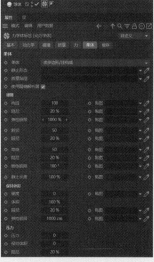

图7-67　　　　　　　　　　　　　　　　　　图7-68

"柔体"选项卡

如图 7-68 所示，在其中可以设置柔体的弹簧属性、硬度等，还可以调整柔体因受到压力而产生形变时恢复的影响程度。其各重点参数的具体含义如下。

◆柔体：包含 3 种模式，即"关闭""由多边形／线构成""由克隆构成"。关闭指动力学对象作为刚体存在。由多边形／线构成指动力学对象作为普通柔体存在。由克隆构成指克隆对象作为一个整体，像弹簧一样产生动力学效果。

◆静止形态、质量贴图：用于设置顶点贴图的柔体控制。

◆构造、阻尼：用于设置柔体对象的弹性构造，数值越大则对象构造越完整。

◆斜切、阻尼：用于设置柔体的斜切程度。

◆弯曲、阻尼：用于设置柔体的弯曲程度。

◆静止长度：在静止状态时，柔体会保持其原有形状，其产生柔体变形的点也处于静止状态。当开始计算动力学时，重力和碰撞则会对这些点产生影响。

◆硬度：该参数是柔体标签中最重要的参数之一，数值越大则柔体受力后的变形程度越小。

◆体积：用于设置体积的大小，默认不变。

◆阻尼：用于设置影响保持外形的数值大小。

◆压力：用于模拟现实中施加压力对另一个对象产生物体表面膨胀的影响。

◆保持体积：用于设置保持体积的参数大小。

7.3.3 课堂案例：球体生成文字的动画效果 ▼

本案例利用刚体标签、碰撞体标签，结合文本对象，制作出球体生成文字的动画效果。其中，动画在 20F、60F、100F、180F、260F 时的效果如图 7-69 ～图 7-73 所示。

图7-69

图7-70

图7-71

图7-72

图7-73

01 创建一个"文本"对象，相关参数设置如图7-74所示，效果如图7-75所示。

微课：球体生成文字的动画效果

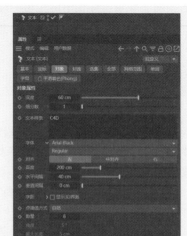

图7-74

图7-75

02 将"文本"对象转化为可编辑对象，在面模式下，选中文字顶部面并将其删除，如图7-76所示。

图7-76

03 创建一个"球体"对象，再创建一个粒子"发射器"，将球体模型对象作为"发射器"对象的子对象，并选中"显示对象"复选框，如图7-77所示。

图7-77

04 选择粒子发射器对象中的"粒子"和"发射器"选项卡，参数设置如图7-78所示。单击"向前播放"按钮，测试粒子运动效果。

(a)

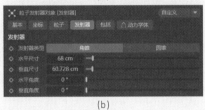

(b)

图7-78

05 将粒子"发射器"置于文本"C"的顶部,如图7-79所示。

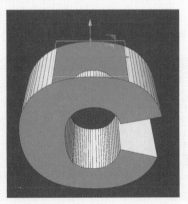

图7-79

06 为文本添加"碰撞体"标签,为"发射器"添加"刚体"标签,如图7-80所示。

图7-80

07 单击"碰撞体"标签,在其"碰撞"选项卡中将"外形"设置为"静态网格",如图7-81所示。

图7-81

08 关闭文本对象的视窗和渲染显示,如图7-82所示。

图7-82

09 单击"向前播放"按钮,将时间轴拉长至260F,测试粒子运动效果,如图7-83所示。

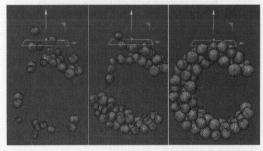

图7-83

10 复制两份文本"C"顶部的粒子发射器,将复制体分别命名为"发射器.1""发射器.2",如图7-84所示。

图7-84

11 将粒子"发射器.1"置于文本"4"的顶部,如图7-85所示。

图7-85

12 选择粒子"发射器.1"对象中的"粒子"和"发射器"选项卡，参数设置如图7-86所示。

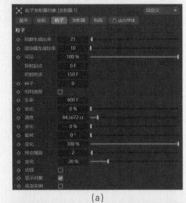

(a)

(b)

图7-86

13 单击"向前播放"按钮，测试粒子运动效果，如图7-87所示。

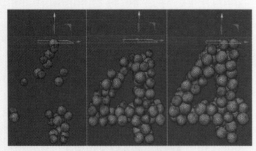

图7-87

14 将粒子"发射器.2"置于文本"D"的顶部，如图7-88所示。选择粒子"发射器.2"对象中的"粒子"和"发射器"选项卡，参数设置同前。

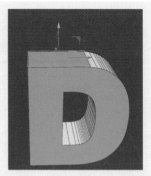

图7-88

15 单击"向前播放"按钮，测试粒子运动效果，如图7-89所示。

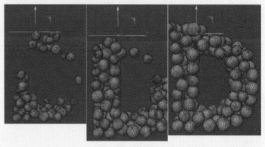

图7-89

16 单击"向前播放"按钮，测试整个场景中的粒子运动效果。其中，动画在060F、259F时的效果如图7-90和图7-91所示。

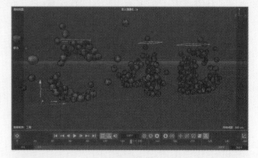

图7-90

图7-91

7.4 模拟标签

　　Cinema 4D 可以对一系列的物理对象进行仿真模拟，如机构运动模拟、毛发模拟、布料模拟及粒子系统模拟。物体的运动模拟过程其实也是一种高级的动画效果。选择"对象"→"标签"→"模拟标签"命令，在弹出的级联菜单中提供了多种模拟标签，如布料、碰撞体等，如图 7-92 所示。

图7-92

7.4.1 布料 ▽

　　布料模拟是 Cinema 4D 专门用来为角色和动物创建逼真的织物动态效果的，属于高级的动画效果工具。如图 7-93 所示为模拟桌布的效果，下面介绍布料模拟的相关工具。

　　当添加了"布料"标签的对象在模拟动力学动画时，会模拟布料碰撞的效果。选中需要成为布料的对象，然后在"对象"面板上单击鼠标右键，在弹出的快捷菜单中选择"模拟标签"→"布料"命令，即可为该对象添加"布料"标签。"布料标签"的属性面板中包含"基本""表面""气球""柔体""混合动画""塑性变形""修整""缓存"和"力场"等选项卡，如图 7-94 所示。"基本"选项卡的主要参数包括：

◆名称：可以输入对象的新名称。

◆图层：如果将元素指定给图层，则会在此处显示其图层颜色。

◆模拟：选择模拟的优先级。一般来说，只有在产生异常效果时才应修改优先级。

◆应用：打开或关闭布料模拟。

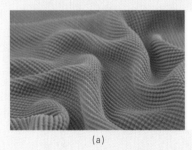
(a)

(b)

图7-93　　　　　　　　　　　　　　　图7-94

●技巧 提示

需要将模拟布料的对象转化为可编辑对象后才能产生布料模拟效果，普通的参数化几何体无法实现该效果。

7.4.2　碰撞体 ▽

　　赋予了"碰撞体"标签的对象在模拟动力学动画时，作为与刚体对象或柔体对象产生碰撞的对象。选中需要成为碰撞体的对象，然后在"对象"窗口上单击鼠标右键，在弹出的快捷菜单中选择"模拟标签"→"碰撞体"命令，即可为该对象赋予"碰撞体"标签，如图 7-95 所示。

　　选中"碰撞体"标签的图标，在下方的"属性"面板中可以设置其属性，如图 7-96 所示。

图7-95　　　　　　　　　　　　　　　　图7-96

　　"碰撞体"用于设置使用布料碰撞。创建"平面 .1"和"球体"，分别添加"碰撞体"标签，如图 7-97 所示。继续创建一个平面，在其"对象"窗口中选择"标签"→"模拟标签"→"布料"命令，添加"布料"标签，如图 7-98 所示。

　　单击"向前播放"按钮，即可看到平面下落和球体接触时转化成布料的动画效果，如图 7-99 所示。

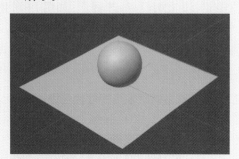

图7-97　　　　　　　　　　　　　　　　图7-98

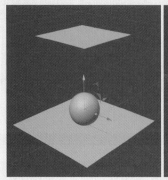

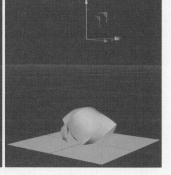

图7-99

7.4.3　课堂案例：利用布料标签制作旗帜飘扬的动画效果 ▼

本案例利用布料标签制作出旗帜飘扬的动画效果。其中，动画在 0F、100F、200F 时的效果如图 7-100 所示。

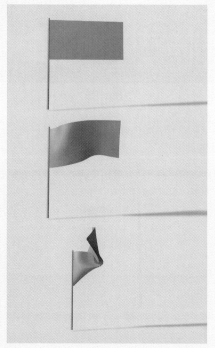

图7-100

01 创建一个"平面"对象作为旗帜，调整其尺寸和长宽分段数值，如图7-101所示。

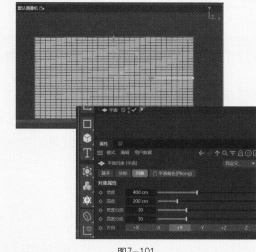

图7-101

02 在"对象"窗口选择"标签"→"模拟标签"→"布料"命令，为平面添加"布料"标签，让其具备布料属性，如图7-102所示。

微课：利用布料标签制作旗帜飘扬的动画效果

图7-102

03 将平面转化为可编辑对象，在点模式下，框选平面左侧一列的点，如图7-103所示。

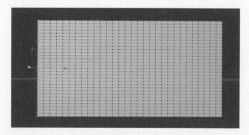

图7-103

04 在"布料标签"的"修整"选项卡中单击"固定点"的"设置"按钮，将步骤03框选中的左侧列点固定，点由黄色变为紫色，如图7-104所示。

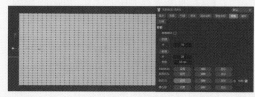

图7-104

05 创建力场"湍流"，调整湍流的强度和缩放数值，参数设置如图7-105所示。

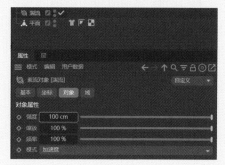

图7-105

06 选择"布料"标签，选择"属性"→"模式"→"工程"选项，在其面板中选择"模拟"→"场景"选项，将其中的"重力"数值修改为0cm，去除重力，如图7-106所示。

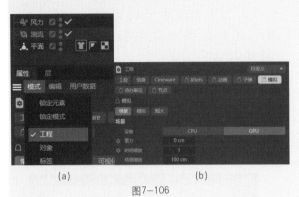

(a)　　　　　(b)

图7-106

07 创建力场"风力"，让旗帜向右飘动，如图7-107所示。

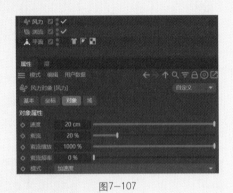

图7-107

08 单击"向前播放"按钮，测试旗帜运动效果，如图7-108所示。

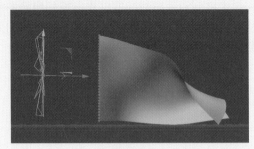

图7-108

09 创建圆柱作为旗杆，模型最终效果如图7-109所示。

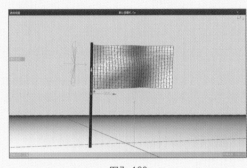

图7-109

7.5 知识与技能梳理

本章详细介绍了 Cinema 4D 中粒子发射器的基本概念、力场的类型及使用方法、子弹标签和布料标签等的运用。通过学习可以使用粒子与力场制作现实世界中常见的自然现象，如物体间的碰撞、自由落体、布料运算等。需要注意的是，力场是一种应用于其他物体上的作用力，通常需要配合粒子发射器使用以完成较为复杂的动画效果制作。

◉ 重要工具：粒子发射器、力场、子弹标签、模拟标签。

◉ 核心技术：粒子发射器的使用、动力学标签的添加、布料的制作。

◉ 实际运用：借助粒子发射器及动力学制作碎片、爆炸、流动、弹跳等运动效果的运用。

7.6　课后练习

一、选择题（共3题），请扫描二维码进入即测即评。

7.6　课后练习

1．Cinema 4D粒子发射器的（　　）参数可以调节粒子最终的尺寸大小。

A．投射终点

B．终点缩放

C．生命

D．显示对象

2．下列不属于Cinema 4D提供的力场类型的是（　　）。

A．吸引场

B．域力场

C．磁场

D．偏转场

3．Cinema 4D中为模型对象添加"刚体"标签的步骤是（　　）。

A．对象→标签→子弹标签→刚体

B．菜单栏→模拟→子弹→刚体

C．对象→属性→刚体

D．对象→标签→模拟标签→刚体

二、简答题

1．举例说明Cinema 4D中的9类力场类型。

2．简要说明Cinema 4D中粒子发射器的作用。

3．简要说明Cinema 4D中刚体和柔体的区别。

1
2
3
4
5
6
7
8
9

Chapter 8

创建Low-Poly风格的浮岛场景设计

　　Low-Poly（低多边形）风格在设计中的应用非常广泛，作品借助Cinema 4D可以达到明快简约的动画创意效果。本章通过制作一个Low-Poly风格的浮岛场景案例，从模型制作、场景布光、材质调整、渲染输出、后期处理等方面进行讲解，帮助读者理解综合场景的制作流程，并熟悉制作Low-Poly风格场景的方法与要点。

	知识点	学习目标			
		了解	掌握	应用	重点知识
学习要求	Low-Poly风格概述	⚑			
	创建主体模型		⚑		
	为模型添加材质		⚑		
	为场景添加灯光、摄像机		⚑		
	渲染设置		⚑		
	在Photoshop中精修图片		⚑		

能力与素养
目标

8.1　Low-Poly风格概述

　　Low-Poly风格也被称为低多边形风格，图像中充斥着大量的低多边形面，其特点是低细节、多边形面数量多且面积小、多为三角面、经常配以柔和而且低饱和度的颜色搭配，类似现实生活中的手工艺品，具有复古质感。

8.1.1　Low-Poly 风格的应用领域 ▽

　　Low-Poly风格被广泛运用于各个设计领域，如海报、网页、Logo和产品设计等。Low-Poly风格具有尖锐的棱角和柔和的高光特点，其极强的视觉反差往往给观者留下深刻的印象。即时通信软件腾讯QQ登录界面就曾使用了Low-Poly设计风格；世界自然基金会创作的户外广告也使用了Low-poly设计风格，整体以扁平化设计为主，使用单色和极简的几何图形来表现环保主题内容；某品牌几何手提包也采用了以单一三角形几何体为主体元素的极简Low-Poly风格，效果如图8-1所示。

 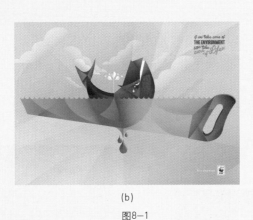 

(a)　　　　　　　　　　　　　(b)　　　　　　　　　　　　　(c)

图8-1

8.1.2　制作思路 ▽

　　对于低多边形的综合场景制作，首先需要确定整个场景中的主要物体，在整体色彩上，要加强主体与背景的对比，让海报具有更高的辨识度。其次，在设计辅助物体和搭建过程中，要考虑到海报在Photoshop中的后期处理，提前确定画面尺寸与背景颜色。本章案例的制作思路如下。

　　（1）确定海报内容。本案例是以浮岛为主体的海报，主要借助低多边形建模表现浮岛的自然环境。

　　（2）确定设计风格。在确定海报内容后，需要确定海报的整体色调风格。为凸显自然环境的空灵质感，整体选用偏暖色调来体现海报内容，采用互补色和渐变色营造浮岛自然景观氛围，色调保持协调统一。

　　（3）确定辅助元素。选取自然环境里的一些元素，如植物、岩石、山、动物等作为辅助元素烘托环境氛围。

　　（4）确定基本设计框架。本案例采用低多边形设计手法来表现场景，突出海报中的漂浮岛屿意境效果。最终效果如图8-2所示。

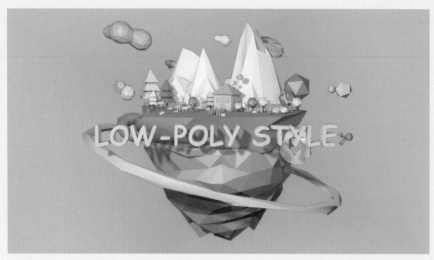

图8-2

8.2 创建主体模型

本案例所创建的Low-Poly风格模型是由浮岛、山体、文字、建筑、动植物、装饰元素等部分构成，在创建模型时，通常先分组依次建模，再进行组合。

8.2.1 创建浮岛模型 ▽

01 在工具栏中单击"球体"按钮，创建一个球体模型，如图8-3所示。

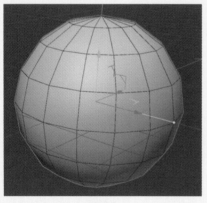

图8-3

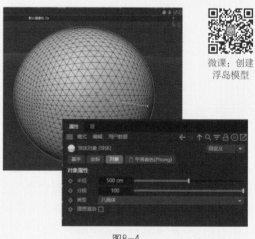

微课：创建浮岛模型

图8-4

02 设置球体的"半径"为500cm，"分段"为100，"类型"为"八面体"，取消选中"理想渲染"复选框，如图8-4所示。

03 由于Low-Poly风格模型在渲染时无须保持平滑的过渡效果，故按Delete键删除"对象"栏中球体后方的"平滑着色"标签，如图8-5所示。

图8-5

04 选择"生成器"工具栏中的"减面",创建"减面"工具,如图8-6所示。在"对象"面板中将其作为球体对象的父级,如图8-7所示。

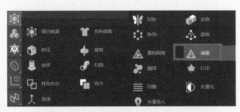

图8-6

图8-7

05 在"减面生成器"面板的"对象"选项卡中设置"减面"对象属性的"减面强度"为90%,此时球体已初步呈现低面体风格,如图8-8所示。

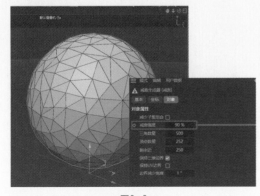

图8-8

06 为球体对象添加"置换"变形器,选择"变形器"工具栏中的"置换",将其作为球体对象的子对象,如图8-9所示。

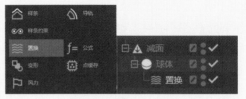

图8-9

07 选择"置换"中的"着色"选项卡,单击"着色器"右侧的下拉按钮,在弹出的菜单中选择"噪波"选项,如图8-10所示。

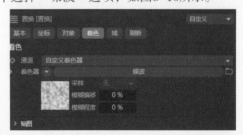

图8-10

08 切换至"对象"选项卡,在"高度"文本框中输入20cm,如图8-11所示。

图8-11

09 此时球体外观已经完全呈现出了Low-Poly的风格,选择"显示"→"光影着色"命令,效果如图8-12所示。

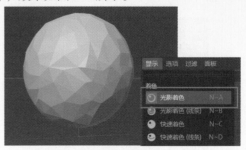

图8-12

1
2
3
4
5
6
7
8
9

10 单击"关闭"按钮 ✕，暂时关闭"减面"效果对象，选择球体模型，按C键或者单击工具栏中的"转为可编辑对象"按钮 ✎，将球体转化为可编辑对象，如图8-13所示。

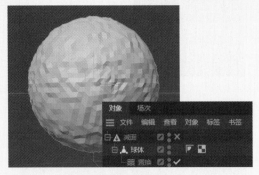

图8-13

11 单击"界面"工具栏中的"多边形"按钮，选择其中的面，如图8-14所示。

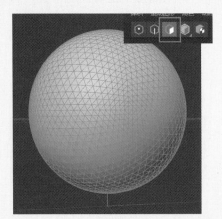

图8-14

12 选择工具组中"笔刷选择"工具 ▶，此时光标变为选择模式。在视图窗口的空白处右击，在弹出快捷菜单中选择"笔刷"命令，如图8-15所示。

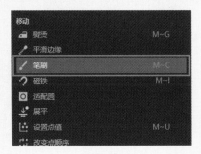

图8-15

13 此时光标变为"笔刷选择"模式 ⊙，在"笔刷"面板的"选项"选项卡中设置笔刷的"模式"为"表面"，"强度"为-30%，"尺寸"为30cm，切换至"衰减"选项卡，设置"衰减"为"常数"，如图8-16所示。

(a)

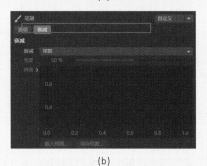

(b)

图8-16

14 使用笔刷工具刷动球体对象，球体形态会随着笔刷工具的移动产生凹陷变化，利用笔刷工具，将球体逐渐调整成浮岛造型，如图8-17所示。

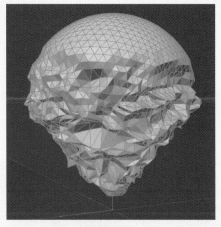

图8-17

15 开启"减面"效果对象 ✔，模型变成Low-Poly风格效果，如图8-18所示。

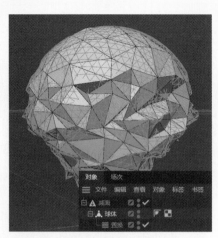

图8-18

16 接下来使用布尔运算创建岛面。在工具栏中单击"立方体"按钮 ⬛立方体，创建一个立方体对象，并调整其大小与位置，使其覆盖浮岛对象，如图8-19所示。

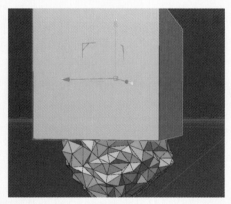

图8-19

17 选择"创建"→"生成器"→"布尔"命令，在"对象"窗口中添加"布尔"对象，在"布尔对象"面板的"对象"选项卡中设置"布尔类型"为"A减B"，如图8-20所示。

图8-20

18 将包含"球体"的"减面"对象和"立方体"对象拖至"布尔"对象下方，成为其子对象。继续调整对象位置，将包含"球体"的"减面"对象置于"立方体"对象的上方，布尔运算后的浮岛模型如图8-21所示。

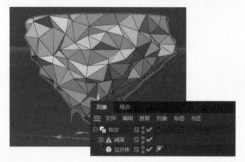

图8-21

19 在工具栏中单击"圆柱体"按钮 ⬛圆柱体，创建一个圆柱体对象，调整"半径"和"高度"大小至能够覆盖住浮岛即可，同时设置其"高度分段"为6，"旋转分段"为32，如图8-22所示。

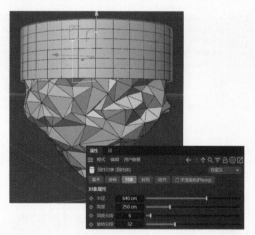

图8-22

20 选择圆柱体模型，按C键或者单击工具栏中的"转为可编辑对象"按钮，将圆柱体转化为可编辑对象，在"线模式"下 🔼 的工具箱中选择"循环选择"工具 ▣ ，选择圆柱体侧面高度分段上的循环边线，单击工具栏中的"缩放"按钮 ▣ ，向外扩大边线，如图8-23所示。

1
2
3
4
5
6
7
8
9

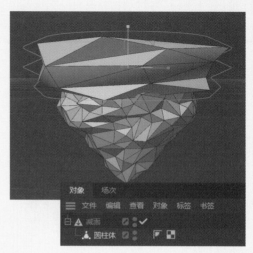

图8-23

21 创建生成器工具"减面",将其作为圆柱体对象的父级,设置"减面"属性中的"减面强度"为90%,浮岛的岛面造型如图8-24所示。

图8-24

8.2.2 创建山体模型

01 在工具栏中单击"地形"按钮 ，创建一个山体模型,如图8-25所示。

图8-25

02 使用工具箱中的"缩放"工具将山体调整至所需的大小,将其放置在浮岛的岛面上,如图8-26所示。

图8-26

03 在"对象"栏目中,选中"地形"对象,删除"地形"对象后方的"平滑标签",使其便于调整山体为低多边形风格,如图8-27所示。

图8-27

04 在"地形对象"面板的"对象"选项卡中,调整"宽度分段"为20,"深度分段"为20,取消选中"多重不规则"复选框,如图8-28所示。

微课:创建
山体模型

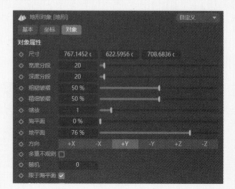

图8-28

05 创建生成器工具"减面",将其作为地形对象的父级,设置"减面"属性中的"减面强度"为90%,调整地形对象的大小,山体造型如图8-29所示。

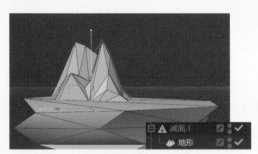

图8-29

06 复制上述的"减面"对象,调整其中的地形对象大小和位置,浮岛上的山体模型最终造型如图8-30所示。

图8-30

8.2.3　创建建筑模型

01 在工具栏中分别单击"立方体"按钮和"金字塔"按钮,创建一组立方体模型,将其上下对齐,如图8-31所示。

微课:创建建筑模型

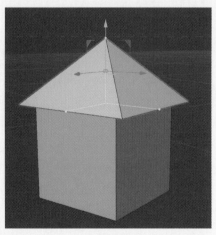

图8-31

02 在工具栏中单击"立方体"按钮,创建一个立方体模型作为建筑窗户。使用"缩放"工具将其缩小,调整其对象属性,设置"分段X"为2,"分段Y"为2,如图8-32所示。

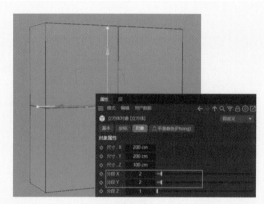

图8-32

03 将"立方体"对象转化为可编辑对象,在"面模式"下 的视图窗口的空白处右击,在弹出的快捷菜单中选择"倒角"命令,设置"倒角"属性中的"偏移"数值为1.5cm,如图8-33所示。

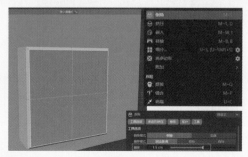

图8-33

1
2
3
4
5
6
7
8
9

04 选择立方体上被细分段数划分为4个面中的一个面，在视图窗口的空白处右击，在弹出的快捷菜单中选择"嵌入"命令，调整"嵌入"属性中的"偏移"数值为1.5cm，如图8-34所示。

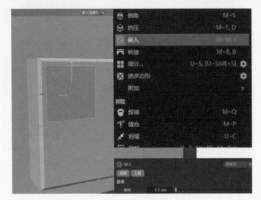

图8-34

05 分别选择立方体剩余的3个面，继续执行"嵌入"命令，得到如图8-35所示的结果。

图8-35

06 将作为窗户的立方体复制多份，并移动到建筑墙体上，如图8-36所示。

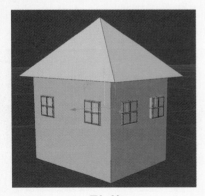

图8-36

07 在工具栏中单击"立方体"按钮，创建一个立方体模型作为门，利用"缩放"工具调整大小，并移动放置在建筑墙体上，如图8-37所示。

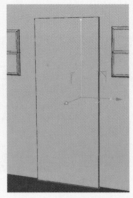

图8-37

08 将"立方体"对象转化为可编辑对象，在"面模式"下 的视图窗口的空白处右击，在弹出的快捷菜单中选择"倒角"命令，调整"倒角"属性中的"偏移"数值为1.5cm，如图8-38所示。

图8-38

09 继续在视图窗口的空白处右击，在弹出的快捷菜单中选择"嵌入"命令，调整"嵌入"属性中的"偏移"数值为1.5cm，如图8-39所示。

图8-39

10 继续创建立方体分别作为建筑的烟囱、台阶等构件，通过"移动"和"缩放"工具完成，建筑模型最终的造型如图8-40所示。

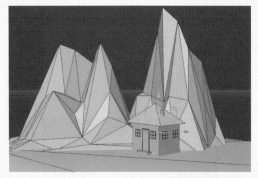
图8-40

8.2.4　创建文字模型

01 在菜单栏中选择"创建"→"网格"→"文本"命令，创建一组文字模型，如图8-41所示。

微课：创建
文字模型

图8-41

02 设置文本的"对象"属性参数，其"深度""文本样条""字体""高度"参数设置如图8-42所示。

图8-42

03 将文本对象缩放并移动至浮岛模型前方，文字模型造型如图8-43所示。

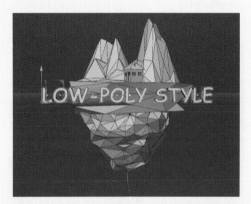
图8-43

04 为文字模型添加"减面"生成器，效果如图8-44所示。

图8-44

1
2
3
4
5
6
7
8
9

8.2.5　创建植物模型 ▽

01 在菜单栏中选择"创建"→"网格"→"金字塔"命令，创建一个金字塔模型作为植物树冠，如图8-45所示。

微课：创建植物模型

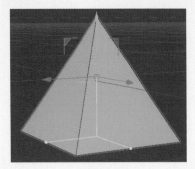

图8-45

02 将金字塔对象转化为可编辑对象，复制多个金字塔对象，使用"缩放"工具调整至适当大小，如图8-46所示。

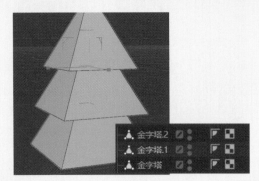

图8-46

03 在工具栏中单击"圆柱体"按钮，创建一个圆柱体模型作为植物树干，移动"圆柱体"至金字塔对象的几何中心位置，如图8-47所示。

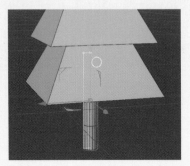

图8-47

04 在工具栏中单击"宝石体"按钮，创建一个宝石体模型作为植物树冠，继续单击"圆柱体"按钮，创建一个圆柱体模型作为植物树干，移动"圆柱体"至"宝石体"对象的几何中心位置，如图8-48所示。

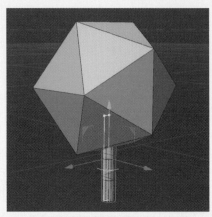

图8-48

05 同时选中上述两种植物的模型对象，按快捷键Alt+G将它们组合，将空白组重命名为"植物1"，复制多个"植物1"群组并调整其位置与大小，植物模型在场景中的整体造型如图8-49所示。

图8-49

8.2.6　创建动物模型

01 打开本书配套资源"Chapter8\素材文件\创建动物模型.c4d",如图8-50所示。

图8-50

02 选择"显示"→"光影着色(线条)"命令,删除动物模型"对象"栏目中的"平滑着色标签"，如图8-51所示。

图8-51

03 选择"显示"→"光影着色"命令,创建生成器工具"减面",将其作为动物模型对象的父级,如图8-52所示。

微课:创建
动物模型

图8-52

04 在"属性"窗口中设置"减面生成器"面板的对象选项卡中的"减面强度"为96%,此时动物模型呈现低多边形风格,如图8-53所示。

图8-53

05 将减面后的低多边形风格动物模型复制,并粘贴到当前场景模型中。复制多个动物模型,调整每个动物模型在浮岛上的位置与大小,整体造型如图8-54所示。

图8-54

8.2.7　创建场景装饰模型

01 在菜单栏中选择"创建"→"网格"→"球体"命令,创建两个球体对象。创建生成器工具"减面",将其作为球体模型对象的父级,如图8-55所示。

微课:创建
场景装饰
模型

图8-55

02 选择"创建"→"网格"→"圆环面"命令，创建圆环面对象。创建生成器工具"减面"，将其作为圆环面模型对象的父级，如图8-56所示。

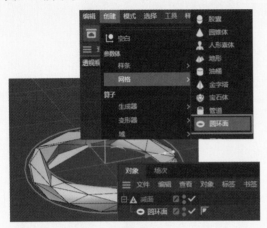

图8-56

03 选择"创建"→"网格"→"宝石体"命令，创建宝石体对象。创建生成器工具"减面"，将其作为宝石体模型对象的父级，如图8-57所示。

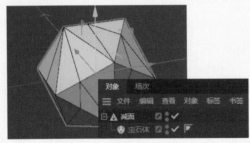

图8-57

04 复制上述减面后的"宝石体""圆环面""金字塔""球体"模型对象，将其粘贴多个并移动至合适的场景位置，作为场景装饰，如图8-58所示。

图8-58

05 最终Low-Poly风格海报场景模型如图8-59所示。

图8-59

8.3 为模型添加材质

8.3.1 为浮岛模型和建筑模型创建材质

01 Low-Poly风格的材质重在凸显其多边形面且扁平化的效果。首先创建浮岛模型的材质，选择"创建"→"材质"→"新的默认材质"命令，新建一个材质球，如图8-60所示。

微课：为模型添加材质

图8-60

02 打开对应的"属性"栏目,选择"颜色"选项卡,并设置其颜色的HSV参数分别为335°、26%、82%,如图8-61所示。

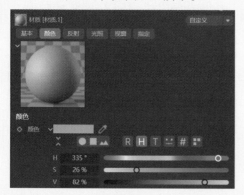

图8-61

03 将该材质球拖至浮岛模型上,如图8-62所示。

图8-62

04 创建山体模型的材质。继续选择"创建"→"材质"→"新的默认材质"命令,新建一个材质球。打开对应的"属性"栏目,选择"颜色"选项卡,并设置其颜色的H、S、V参数分别为45°、30%、97%,将该材质球拖至山体模型上,如图8-63所示。

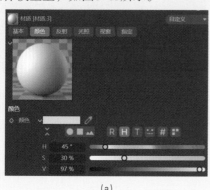

(a)

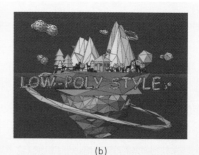

(b)

图8-63

05 继续选择"创建"→"材质"→"新的默认材质"命令,新建3个材质球。打开对应的"属性"栏目,选择"颜色"选项卡,并设置其颜色的H、S、V参数组分别为"250°、15%、88%""6°、27%、92%""45°、30%、97%",如图8-64所示。

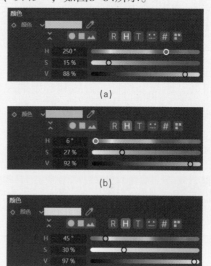

(a)

(b)

(c)

图8-64

06 将上述材质球拖至建筑模型的各组成构件上,效果如图8-65所示。

图8-65

1

2

3

4

5

6

7

8

9

8.3.2 为文字模型创建材质

01 新建一个材质球。打开材质球的"属性"栏目，选择"颜色"选项卡，单击"纹理"下拉按钮，在弹出的下拉列表中选择"渐变"选项，如图8-66所示。

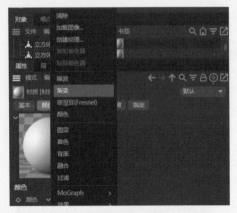

图8-66

02 打开"渐变"栏目，设置其起始端和末端颜色的H、S、V参数组分别为"159°、25%、89%""45°、39%、96%"，如图8-67所示。

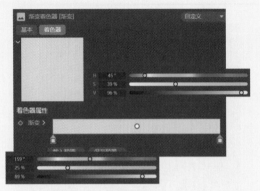

图8-67

03 将上述渐变材质球拖至文字模型上，效果如图8-68所示。

图8-68

8.3.3 为其他模型创建材质

01 新建3个材质球。打开对应的"属性"栏目，选择"颜色"选项卡，设置其颜色的H、S、V参数组分别为"10°、46%、88%""159°、25%、89%""74°、27%、90%"，如图8-69所示。

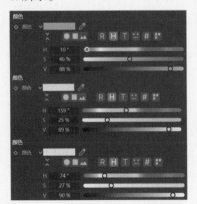

图8-69

02 将上述3类材质球分别拖至植物模型上，效果如图8-70所示。

图8-70

03 继续新建3个材质球。打开对应的"属性"栏目，选择"颜色"选项卡，设置其颜色的H、S、V参数组分别为"16°、9%、91%""270°、21%、85%""48°、30%、97%"，如图8-71所示。

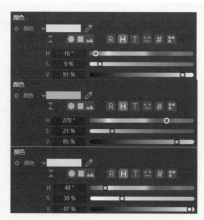

图8-71

04 将上述3类材质球拖至动物模型上，效果如图8-72所示。

图8-72

05 创建场景装饰模型的材质。继续选择"创建"→"材质"→"新的默认材质"命令，新建3个材质球。打开对应的"属性"栏目，选择"颜色"选项卡，并设置其颜色的H、S、V参数组分别为"6°、27%、92%""159°、25%、89%""250°、15%、88%"，如图8-73所示。

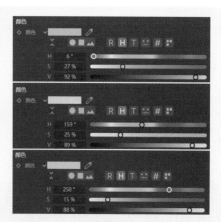

图8-73

06 将上述3类材质球拖至几何体装饰模型上，效果如图8-74所示。

图8-74

07 最终的Low-Poly风格模型场景效果如图8-75所示。

图8-75

8.4 为场景添加灯光、摄像机

Low-Poly风格场景一般无需复杂的灯光布置，本案例使用三点照明法布光以达到所需效果。

微课：为场景添加灯光、摄像机

8.4.1 为场景添加灯光

01 在菜单栏选择"灯光"→"区域光"命令，作为场景主光源，将其置于场景左上方，旋转一定角度后对场景产生斜射照明效果，场景在主光源的照射下变亮，并在"属性"窗口中设置其"投影"为"区域"，"密度"为"65%"，如图8-76所示。

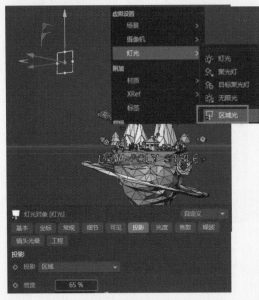

图8-76

02 单击"渲染到图片查看器"按钮，主光源的照射渲染效果如图8-77所示。

图8-77

03 在添加主光源投影之后，场景右侧偏暗。继续创建一个"区域光"，将其置于场景右上方作为辅助光源，调整至如图8-78所示的位置。

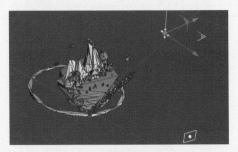

图8-78

04 将辅助光源的强度调整至低于主光源的强度，在灯光对象的常规参数面板中选择"光度"选项卡，修改作为辅助光的"区域光"光度属性，将"强度"数值"1000"修改为"500"；同时选择"投影"选项卡，修改"投影"类型为"无"，如图8-79所示。

图8-79

05 单击"渲染到图像查看器"按钮，效果如图8-80所示。

图8-80

06 继续创建一个"区域光"对象，利用步骤04的方法修改"区域光"的光度属性，将"强度"数值"1000"修改为"300"，同时修改"投影"类型为"无"，如图8-81所示。并将其放置在整个场景对象上方作为背景/轮廓光源，如图8-82所示。

图8-81

图8-82

8.4.2 为场景添加摄像机

01 调整当前场景模型视图为透视视图，移动视图寻找摄像机的合适拍摄角度，如图8-83所示。

图8-83

02 选择"创建"→"摄像机"→"摄像机"命令，创建一台摄像机，在视图中调整摄像机的角度及位置，如图8-84所示。

图8-84

03 为防止摄像机被移动，选中"摄像机"选项，单击鼠标右键，在弹出的快捷菜单中选择"装配标签"→"保护"命令，为摄像机添加"保护"标签🛡，如图8-85所示。

图8-85

04 单击"对象"面板中摄像机后方的黑色按钮🔲，进入摄像机视图，在"对象"选项卡中设置"焦距"属性为"常规镜头（50毫米）"，如图8-86所示。

图8-86

05 单击"渲染到图像查看器"按钮，场景整体效果如图8-87所示。

图8-87

8.5　渲染设置

01 按快捷键Ctrl+B或者单击工具栏中的"编辑渲染设置"按钮，打开"渲染设置"窗口，在"输出"选项卡中设置输出文件的"宽度"和"高度"，如图8-88所示。

微课：渲染设置

图8-88

02 切换至"保存"选项卡，设置保存文件的格式与路径，如图8-89所示。

图8-89

03 单击"渲染设置"窗口中的"效果"按钮，在弹出的快捷菜单中选择"全局光照"命令，如图8-90所示。

图8-90

04 单击"渲染设置"窗口中的"效果"按钮，在弹出的快捷菜单中选择"环境吸收"命令，如图8-91所示。

图8-91

05 其他选项保持默认设置，单击工具栏中"渲染到图像查看器"按钮，打开"图像查看器"窗口，如图8-92所示，此时模型进入渲染状态。

图8-92

06 最终输出的图像效果如图8-93所示，Low-Poly风格模型场景创建完成。

图8-93

8.6 在Photoshop中精修图片

在Cinema 4D中将场景渲染完成后，还需要将本案例场景图片导入到Photoshop中进行调整后以获得最终的效果图。

01 在"渲染设置"窗口中将"格式"修改为"PNG"格式，选中"Alpha通道"和"分离Alpha"复选框，如图8-94所示。

图8-94

微课：在Photoshop中精修图片

(b)

图8-95

02 单击工具栏中"渲染到图像查看器"按钮，在打开的"图像查看器"窗口中单击"另存为"按钮，打开"保存"对话框，确认格式为"PNG"，单击"确定"按钮进行保存，如图8-95所示。

(a)

03 系统自动弹出"保存对话"对话框，设置文件名为"LOWPOLY风格模型"与保存路径，单击"保存"按钮即可，如图8-96所示。

图8-96

04 启动Photoshop，打开刚刚保存的"LOWPOLY风格模型"文件，如图8-97所示。

图8-97

05 单击"新建图层"按钮，创建一个新的图层"图层2"。单击"渐变工具"按钮█，在弹出的下拉列表中选择"橙色_08"渐变颜色，选择渐变样式为"菱形渐变"，如图8-98所示。颜色从粉红色（RGB：255，122，149）向粉黄色（RGB：18，41，100）过渡，如图8-99所示。

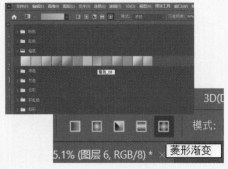

图8-98

图8-99

06 对图层2添加渐变效果后的效果如图8-100所示。

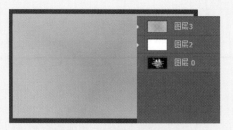

图8-100

07 选择"图层1"，选择"图像"→"调整"→"曲线"命令，打开"曲线"对话框，根据需要调整图像的对比度，如图8-101所示。

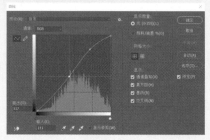

图8-101

08 选择"图像"→"调整"→"色相/饱和度"命令，在打开的"色相/饱和度"对话框中，根据需要调整图像的饱和度，如图8-102所示。

图8-102

09 调整完毕后，Low-Poly风格场景的最终效果如图8-103所示。

图8-103

8.7　知识与技能梳理

本章主要讲解Low-Poly风格海报模型的制作，通过讲述组合浮岛、山体、建筑等模型的实际建模方法，使读者学习并巩固了各种模型的创建方法以及Low-Poly风格海报设计的实际运用，为后续设计打下基础。

❯ **重要工具：** 网格对象、可编辑多边形、减面生成器、材质编辑器、渲染器。

❯ **核心技术：** 通过网格对象中的多种几何体创建基础模型，使用可编辑多边形以及生成器对模型进行更富有变化的创建应用。

❯ **实际运用：** 制作Low-Poly风格海报模型。

8.8　课后练习

通过本章案例的示范，学习了Low-Poly风格海报模型制作的方法和技巧，使用所学知识制作如图8-104所示的模型效果图。

图8-104

Chapter

音乐节立体概念海报设计

本章案例使用 Cinema 4D 制作音乐节立体概念海报。案例从模型制作、场景布置、材质调整、渲染输出、后期处理等方面进行讲解，使读者了解立体概念海报设计过程中的重点与难点，掌握海报在 Cinema 4D中的完整制作流程。本案例以音乐节为主题，借助Cinema 4D的立体造型表现手法设计一款户外音乐节立体概念海报。

学习要求	知识点	学习目标			
		了解	掌握	应用	重点知识
	概念海报设计概述	⚑			
	创建主体模型		⚑		
	为模型添加材质			⚑	
	为场景添加环境天空和摄像机			⚑	
	渲染设置			⚑	
	后期精修图片			⚑	

能力与素养
目标

9.1　概念海报设计概述

随着三维视觉表达的普及，传统二维视觉表达已经无法满足现代设计需求，这种趋势在平面设计行业的表现尤为明显，如今，使用Cinema 4D进行平面设计已经成为相关行业从业人员的趋势。同时，平面视觉设计师群体越来越庞大，借助Cinema 4D可以实现出图效果好且节省成本，满足追求视觉表现力的设计行业特点。以平面视觉设计中的海报设计为例，如图9-1~图9-3展示了当前市场上通过Cinema 4D设计的优秀海报作品。海报设计是平面视觉设计的表现形式之一，通过版面构成在第一时间内吸引人们的目光，设计者将图片、文字、色彩、空间等要素进行综合编排设计，以合适的形式传递宣传信息。

图9-1　　　　　　　　　图9-2　　　　　　　　　图9-3

概念海报设计是采用一种抽象或极具意境的手法表达某类主题或某种思想，具有很大的创意空间。概念海报设计思路分为三步骤：首先，确定海报的主题和文案，根据主题目标人群确定海报风格与色调；其次，选择合适辅助图案元素加强主题氛围；最后，调整细节并突出海报主题。

对于以音乐节为主题的模型场景制作，需要确定整个场景中的主要物体，统一色调，突出主体，表现海报主题内容。对于海报中的辅助物体模型设计，也要与主题相呼应，具体步骤如下：

第1步：确定海报内容。

本案例是以音乐节为主题的海报，主要借助乐器与舞台场景搭建以表现音乐节气氛。

第2步：确定设计风格。

结合户外和音乐的主题定位，确定海报整体以金属质感以表现户外音乐节的氛围层次，采用金色金属、银色金属和丛林绿作为设计的主体色调。

1
2
3
4
5
6
7
8
9

第3步：确定模型元素。

选取音乐节演奏中的主要乐器：吉他、电吉他、小号、音响、架子鼓等和户外环境中的植物元素作为主体与辅助元素烘托出音乐节舞台气氛。

第4步：确定基本设计框架。

本案例采用竖版构图，通过后期调整细节并添加海报文案，突出海报中的音乐舞台创意效果。案例最终效果如图9-4所示。

图9-4

9.2　创建主体模型

本案例音乐节海报中的主体模型由乐器、舞台场景、装饰配件以及文字构成。

微课：创建
主体模型

9.2.1　创建乐器：吉他1模型

01 启动Cinema 4D，选择"面板"→"视图4"命令，当前界面视窗显示为正视图，如图9-5所示。

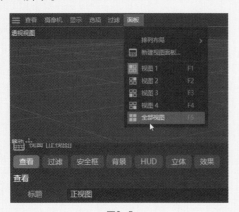

图9-5

02 按住快捷键Shift+V，在界面中的正视图栏目"背景"面板中单击"选择要加载的文件"按钮，在打开的对话框中导入本书配套资源"Chapter9\素材文件\吉他1.c4d"，如图9-6所示。

图9-6

03 调整"背景"选项卡中的"透明"为73%，如图9-7所示。

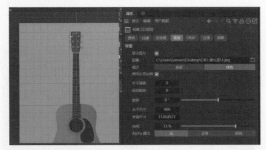

图9-7

04 在正视图中选择"样条画笔"工具 ，利用"样条画笔"工具绘制出吉他的主体部分轮廓，效果如图9-8所示。

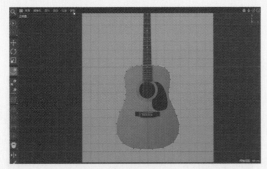

图9-8

05 选择"创建"→"生成器"→"挤压"命令，在"对象"面板中添加"挤压"作为"样条"的父级。选择"挤压"工具 ，将"样条"对象的"点插值方式"修改为"统一"，如图9-9所示。

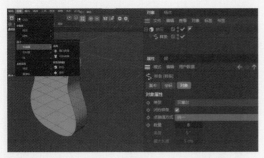

图9-9

06 在"挤压"对象中的"对象"选项卡中，调整"偏移"数值为30cm，效果如图9-10所示。

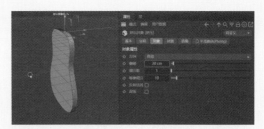

图9-10

07 选择"挤压"对象，按住Ctrl键，沿Z轴方向复制出两份"挤压"对象，效果如图9-11所示。

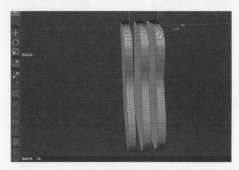

图9-11

08 选择"挤压.1"对象，在其"封盖"选项卡中取消选中"起点封盖"复选框和"终点封盖"复选框，效果如图9-12所示。

图9-12

09 分别选择"挤压""挤压.2"对象，在"封盖"选项卡中选择"倒角外形"中的"圆角"选项，修改"尺寸"数值为5cm，效果如图9-13所示。

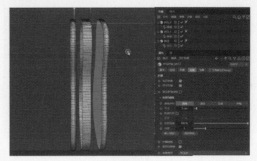

图9-13

10 利用移动工具，将"挤压""挤压.1""挤压.2"对象移动至如图9-14所示的位置。

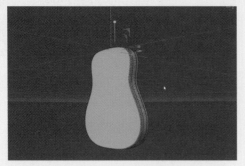

图9-14

11 选择"面板"→"视图4"命令，在Cinema 4D正视图中，选择"创建"→"样条"→"圆环"命令 ⊙ 圆环 ，在"圆环对象"面板的"对象属性"选项卡中，修改"半径"数值为50cm，如图9-15所示。

图9-15

12 将"圆环"对象置于"挤压"对象中的"样条"下方，选择"创建"→"生成器"→"样条布尔"命令，添加"样条布尔"作为"圆环"和"样条"的父级，继续将"挤压"对象作为"样条布尔"的父级，如图9-16所示。

图9-16

13 选择"面板"→"视图1"命令，在其"属性"窗口的"对象属性"面板中将"模式"设置为"A减B"，得到Cinema 4D透视图中观察效果，如图9-17所示。

图9-17

14 继续选择"面板"→"视图4"命令，在Cinema 4D正视图中，选择"创建"→"样条"→"矩形"命令，创建一个"矩形"样条对象，如图9-18所示。

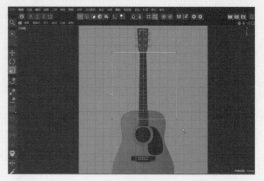

图9-18

15 选择"矩形"对象，单击"转为可编辑对象"按钮 ✎ ，将"矩形"转为可编辑对象。在点模式下，将矩形样条移动调整至如图9-19所示的效果。

图9-19

16 选择"面板"→"视图1"命令，在
Cinema 4D透视图中，选择"创建"→"生成
器"→"挤压"命令 ⭕ 挤压，将"挤压"工具作
为"样条"对象的父级，在"挤压对象"面
板中的"对象"选项卡中，调整"偏移"数值
为30cm，效果如图9-20所示。

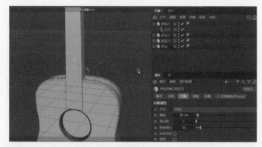

图9-20

17 在Cinema 4D正视图中继续创建一个"矩
形"样条对象，使用编辑工具调整其位置，
使用前面介绍的方法对样条对象进行挤压，
在透视图中效果如图9-21所示。

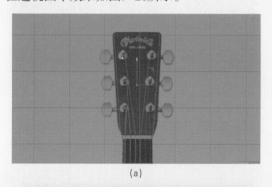

(a)

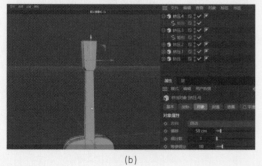

(b)

图9-21

18 选择"挤压4"对象，将其"封盖"选项
卡中的"圆角"尺寸修改为3cm，效果如
图9-22所示。

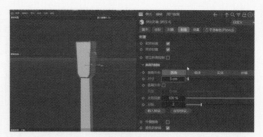

图9-22

19 继续选择"挤压4"对象中的"样条"，在
点模式下，选中"样条"的所有点，在透视试
图空白处右击，在弹出的快捷菜单中选择"倒
角"命令，拖动鼠标左键，让矩形角变圆滑，
效果如图9-23所示。

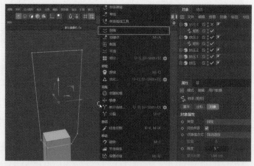

(a)

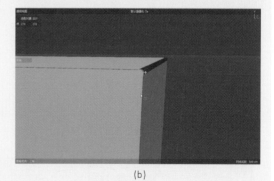

(b)

图9-23

20 选择"面板"→"视图4"命令，在
Cinema 4D正视图中，选择"创建"→"网
格"→"圆环面"命令 ⭕ 圆环面，修改"圆环
面对象"面板的"对象"选项卡中的"圆环
半径"数值为70cm、修改"圆环分段"数值
为32cm、"导管半径"数值为1cm，将"圆环
面"对象拖动到如图9-24所示的位置。

1
2
3
4
5
6
7
8
9

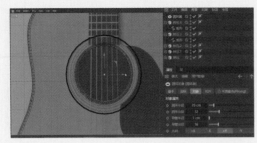

图9-24

21 复制"圆环面"对象，修改复制对象的"圆环半径"数值为65cm，效果如图9-25所示。

图9-25

22 在Cinema 4D正视图中继续创建一个"矩形"样条对象用做隔断，使用相同的方法生成立体对象，在透视图中的效果如图9-26所示。

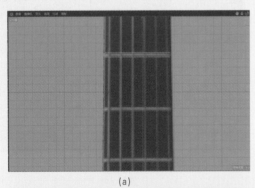

(a)

(b)

图9-26

23 单击"克隆"按钮 ☼ 克隆，创建"克隆"工具，将"克隆"工具作为"挤压.5"对象的父级，调整"克隆"对象中的"对象"属性，将"模式"类型修改为"线性"模式，调整"数量"数值为1、"位置.X"为0cm、"位置.Y"为27cm、"位置.Z"为0cm，在透视图中的效果如图9-27所示。

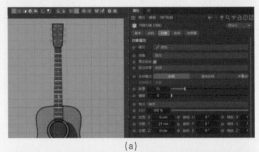

(a)

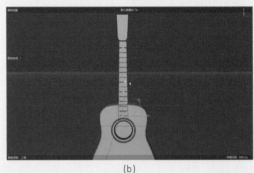

(b)

图9-27

24 在正视图中使用"样条画笔"工具 ✐ 样条画笔，利用"样条画笔"工具绘制出吉他的配件轮廓，具体如图9-28所示。

图9-28

25 选择"创建"→"生成器"→"挤压"命令，添加"挤压"作为"样条"的父级，修改"挤压对象"的"对象"选项卡中的"偏移"数值为10cm，在透视视图中的效果如图9-29所示。

图9-29

26 选择"创建"→"网格"→"圆柱体"命令 圆柱体，创建一个圆柱体对象作为连接对象，在正视图中将其缩小并移动至如图9-30所示的位置。

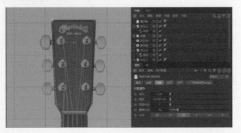

图9-30

27 选择"创建"→"空白组"命令，创建一个空白对象，将"圆柱体"和"挤压.5"对象拖至"空白"对象组中。双击"空白"对象组，修改名称为"1"。添加"克隆.1"对象作为"1"的父级，参数及效果如图9-31所示。

(a)

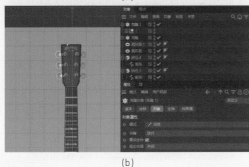

(b)

图9-31

28 选择"创建"→"生成器"→"对称"命令 对称，添加"对称"作为"克隆.1"的父级，效果如图9-32所示。

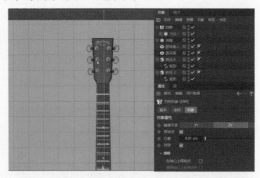

图9-32

29 继续创建一个圆柱体和球体对象，创建一个空白对象，将"圆柱体"和"球体"对象拖至"空白"对象组中。双击"空白"对象组，修改名称为"2"。添加克隆对象作为"2"的父级，参数设置及效果如图9-33所示。

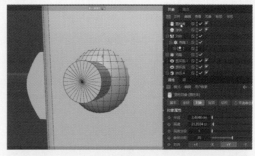

(a)

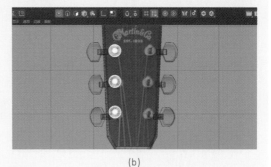

(b)

图9-33

30 选择"创建"→"生成器"→"对称"命令，添加"对称"作为上述克隆对象的父级，在正视视图和透视图中的效果如图9-34所示。

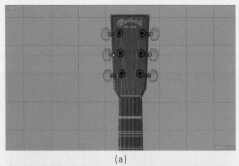

(a)

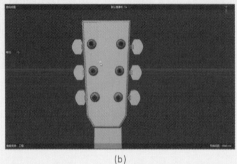

(b)

图9-34

31 在正视图中继续使用"样条画笔"工具，利用"样条画笔"工具绘制出吉他的其他组件，效果如图9-35所示。

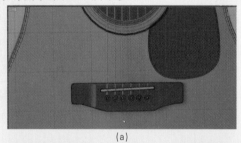

(a)

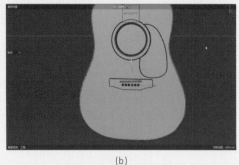

(b)

图9-35

32 在正视图中继续使用"样条画笔"工具，绘制琴弦。创建"圆环"样条对象和"扫描"生成器对象 扫描 ，将样条对象作为路径、圆环作为剖面，将"扫描"生成器作为"样条"和"圆环"对象的父级。修改"圆环"对象半径

为1cm，效果如图9-36所示。

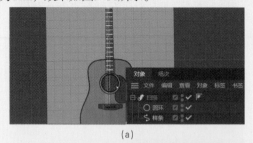

(a)

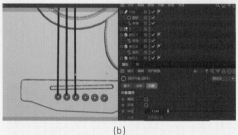

(b)

图9-36

33 为上述"扫描"对象添加"对称"生成器对象作为父级，吉他的琴弦效果如图9-37所示。

图9-37

34 吉他1模型的最终效果如图9-38所示，选择"文件"→"另存项目为"命令，在打开的对话框中将文件名命名为"吉他1"，单击"保存"按钮。

图9-38

9.2.2　创建乐器：吉他2模型

01 新建一个空白文档，选择"面板"→"视图4"命令，在Cinema 4D正视图中，按快捷键Shift+V，在"背景"选项卡中单击"选择要加载的文件"按钮，在打开的对话框中导入本书配套资源"Chapter9\素材文件\吉他2.jpg"，如图9-39所示。

(a)

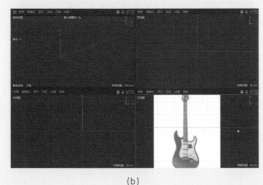

(b)

图9-39

02 调整"背景"选项卡中的"透明"为75%。在正视图中使用"样条画笔"工具 ![样条画笔] 绘制吉他的主体部分，具体如图9-40所示。

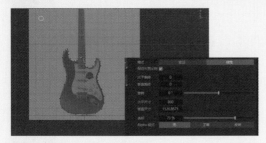

图9-40

03 选择"创建"→"生成器"→"挤压"命令 ![挤压]，添加"挤压"作为"样条"的父级。选择"挤压"工具，将"样条"的"对象"选项卡中的"点插值方式"修改为"统一"，如图9-41所示。

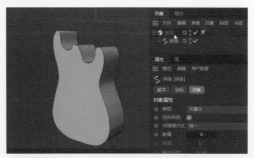

图9-41

04 在"挤压"对象的"封盖"选项卡中，调整"圆角"尺寸数值为15cm，效果如图9-42所示。

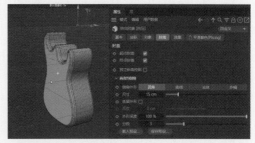

图9-42

05 在正视图中继续使用"样条画笔"工具绘制吉他的琴颈部分，详细步骤同步骤04～步骤06，在透视图中，参数及效果如图9-43所示。

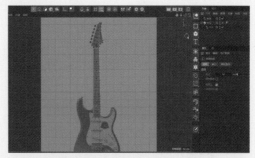

(a)

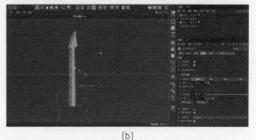

(b)

图9-43

06 在正视图中继续使用"样条画笔"工具绘制出吉他的其他配件部分，详细步骤同步骤04～步骤06，在透视图中效果如图9-44所示。

(a)

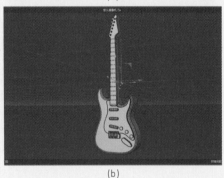

(b)

图9-44

07 在正视图中继续使用"样条画笔"工具，绘制琴弦。创建"圆环"样条对象和"扫描"生成器对象 扫描，将样条对象作为路径、圆环作为剖面，将"扫描"生成器作为"样条"和"圆环"对象的父级。修改"圆环"对象半径为1cm，效果如图9-45所示。

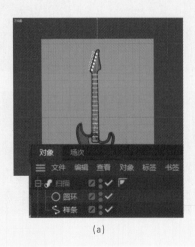

(a)

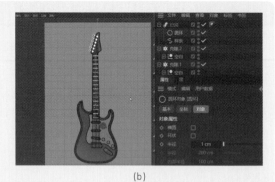

(b)

图9-45

08 调整吉他的主体、琴颈及各配件的位置，吉他2模型的最终效果如图9-46所示。

图9-46

09 选择"文件"→"另存项目为"命令，在打开的对话框中将文件名命名为"吉他2"，单击"保存"按钮，如图9-47所示。

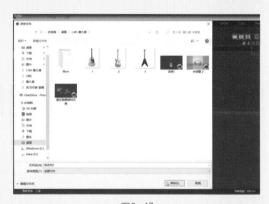

图9-47

9.2.3 创建乐器：吉他3模型

01 新建文件，选择"面板"→"视图4"命令，在Cinema 4D正视图中，按快捷键Shift+V，选择"背景"选项卡，单击"选择要加载的文件"按钮，导入本书配套资源"Chapter9\素材文件\吉他3.jpg"，如图9-48所示。

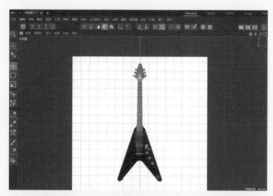

图9-48

02 调整"背景"选项卡中的"透明"为75%。在正视图中使用"样条画笔"工具 样条画笔 绘制吉他的主体部分，具体如图9-49所示。

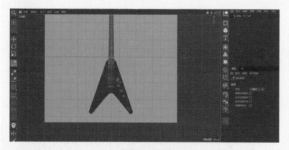

图9-49

03 选择"创建"→"生成器"→"挤压"命令，添加"挤压"作为"样条"的父级。选择"挤压"工具 挤压 ，在"挤压"对象"封盖"选项卡中，调整"圆角"尺寸数值为5cm，效果如图9-50所示。

图9-50

04 分别选择"创建"→"网格"→"圆柱体" 圆柱体 、"胶囊" 胶囊 、"圆环面" 圆环面 命令，创建"圆柱体""胶囊""圆环面"作为吉他的配件，调整上述几何体的"圆角"尺寸数值为3cm，效果如图9-51所示。

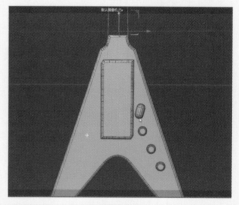

图9-51

05 在正视图中创建"矩形"样条，绘制吉他的琴颈部分，详细步骤同步骤04、步骤05，在透视图中效果如图9-52所示。

(a)

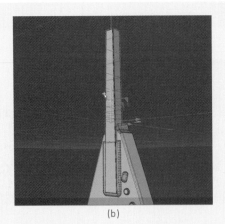

(b)

图9-52

06 在正视图中继续使用"样条画笔"工具绘制吉他的其他配件部分，详细步骤同步骤04和步骤05，在透视图中效果如图9-53所示。

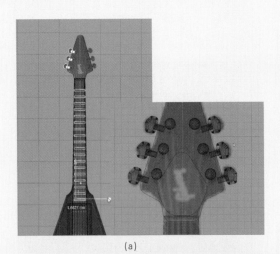

(a)

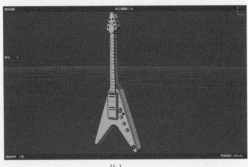

(b)

图9-53

07 在正视图中继续使用"样条画笔"工具，绘制琴弦。创建"圆环"样条对象和"扫描"生成器对象 ，将样条对象作为路径、圆环作为剖面，将"扫描"生成器作为"样

条"和"圆环"对象的父级。修改"圆环"对象半径为1cm，效果如图9-54所示。

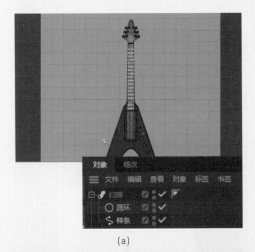

(a)

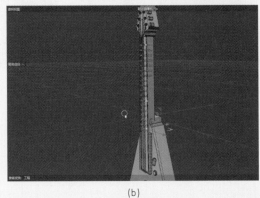

(b)

图9-54

08 调整吉他的主体、琴颈及各配件的位置，吉他3模型的最终效果如图9-55所示。选择"文件"→"另存项目为"命令，在打开的对话框中，将文件名命名为"吉他3"，单击"保存"按钮。

图9-55

9.2.4 创建舞台及装饰元素模型 ▼

01 在工具栏中单击"圆柱体"按钮 ⬚ 圆柱体 ，创建一个圆柱体模型。设置圆柱体的"半径"为1000cm，"高度"为100cm，"高度分段"为4，"旋转分段"为50，如图9-56所示。

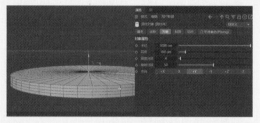

图9-56

02 继续创建一个圆柱体，设置圆柱体的"半径"为800cm，"高度"为200cm，"高度分段"为4，"旋转分段"为60，如图9-57所示。

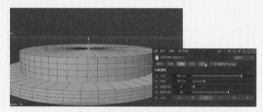

图9-57

03 选择"圆柱体.1"对象，在"圆柱对象"面板"切片"选项卡中将"终点"数值修改为180°，如图9-58所示。

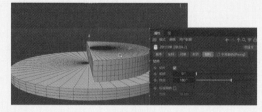

图9-58

04 复制"圆柱体.1"，选择"创建"→"生成器"→"晶格"命令，添加"晶格"作为"圆柱.2"对象的父级。同时修改圆柱体的"旋转分段"为50，晶格对象的"球体半径"为5cm，"圆柱半径"为5cm，如图9-59所示。

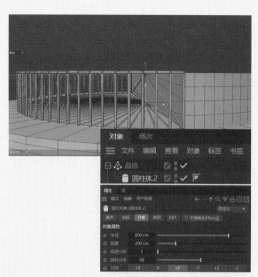

图9-59

05 选择"圆柱体.1"对象，修改"高度分段"数值为4，如图9-60所示。

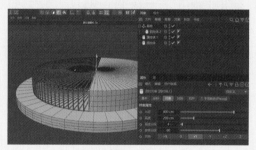

图9-60

06 选择"圆柱体.1"，单击"转为可编辑对象"按钮 🖉，将"圆柱体.1"转化为可编辑对象，在面模式下，选择圆柱体的侧面，如图9-61所示。

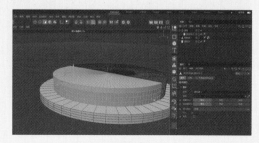

图9-61

1
2
3
4
5
6
7
8
9

07 在透视视图的空白处右击，在快捷菜单中选择"挤压"工具，将选中的侧面分层沿Z轴向外挤压，设置每层挤压的"偏移"数值为50cm，效果如图9-62所示。

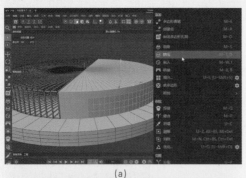

(a)

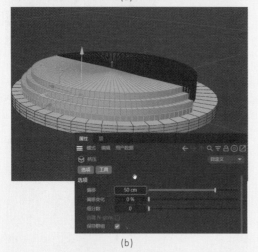

(b)

图9-62

08 将主体模型文件"吉他1""吉他2"和"吉他3"分别拖入到当前文件中，效果如图9-63所示。

图9-63

09 选择"扩展"→"L-Object"命令，创建一个L形转角平面，利用缩放工具放大该平面，效果如图9-64所示。

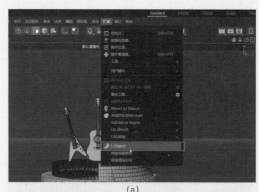

(a)

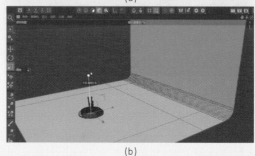

(b)

图9-64

10 选择"创建"→"网格"→"管道"命令 [管道]，创建一个管道对象，通过拖动该几何体对象上的黄色手柄 [ ]，放大其内部半径和外部半径，效果如图9-65所示。

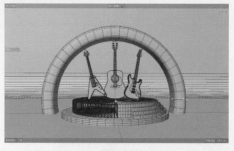

图9-65

11 选择"文件"→"打开项目"命令，在打开的对话框中打开"音乐海报装饰元素.c4d"文件，复制植物模型到当前文件中，效果如图9-66所示。

图9-66

12 同时创建一个"圆柱体.1"对象，通过拖动该几何体对象上的黄色手柄，调整圆柱体大小作为植物的花盆，效果如图9-67所示。

图9-67

13 选择"创建"→"空白"命令，将空白对象作为"植物"和"圆柱体.1"的父级，如图9-68所示。

图9-68

14 选择"创建"→"生成器"→"对称"命令，创建一个对称对象作为"空白"对象的父级，场景效果如图9-69所示。

图9-69

15 继续将"音乐海报装饰元素.c4d"素材文件中的耳机、架子鼓、小号等辅助元素复制到当前文件中，通过移动和缩放辅助元素的位置和大小，场景模型效果如图9-70所示。

图9-70

9.2.5 创建文字模型

01 选择"创建"→"网格"→"文本"命令，新建"文本"对象，在文本对象的"对象"选项卡中，修改"深度"为50cm，在"文本样条"中输入"music"，"字体"选择"Gill Sans Ultra Bold"字体，如图9-71所示。

图9-71

02 通过移动工具调整文本对象位置，将其放置在舞台前方，效果如图9-72所示。

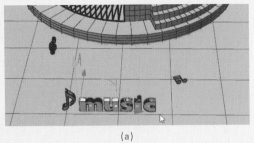
(a)

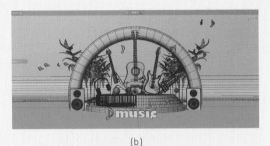
(b)

图9-72

9.3 为模型添加材质

制作材质时只需要深色背景和发光材质，读者可以使用默认材质或节点材质，选择自己熟悉的即可。

微课：为模型添加材质

9.3.1 创建金属材质 ▽

01 选择"创建"→"材质"→"+新的默认材质"命令，创建一个材质球，在"基本"选项卡中，仅选中"反射"复选项，如图9-73所示。

图9-73

02 在材质球的"反射"选项卡中，单击"添加"按钮，在下拉列表中选择"GGX"选项，如图9-74所示。

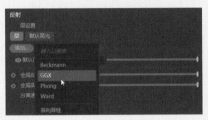

图9-74

03 在材质球的"反射"选项卡的"层菲涅耳"选项中将"菲涅耳"设置为"导体"，"预置"设置为"金"，如图9-75所示。

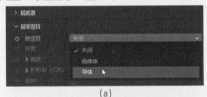
(a)

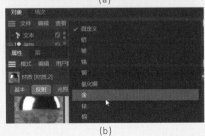
(b)

图9-75

04 金色金属材质如图9-76所示。

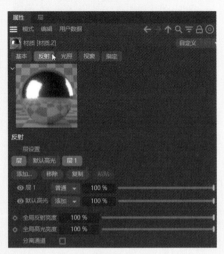

图9-76

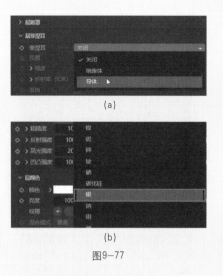

(a)

(b)

图9-77

08 银色金属材质如图9-78所示。

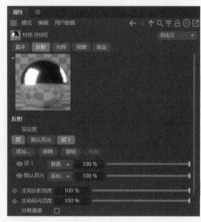

图9-78

05 继续选择"创建"→"材质"→"+新的默认材质"命令，创建一个新材质球，在"基本"选项卡中，仅选中"反射"复选项，如图9-73所示。

06 在材质球的"反射"选项卡中，单击"添加"按钮，在弹出的下拉列表中选择"GGX"选项，如图9-74所示。

07 在材质球的"反射"选项卡"层菲涅耳"选项中将"菲涅耳"设置为"导体"，"预置"设置为"银"，如图9-77所示。

9.3.2　创建渐变材质 ⊙

01 选择"创建"→"材质"→"+新的默认材质"命令，创建一个材质球，在"基本"选项卡中，仅选中"颜色"复选项，如图9-79所示。

图9-79

02 在材质球属性中的"颜色"选项卡中单击"纹理"按钮，在弹出的列表中选择"渐变"纹理，如图9-80所示。

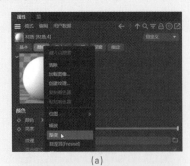

(a)

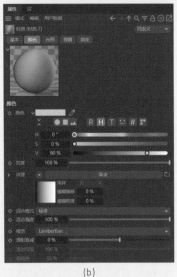

(b)

图9-80

03 单击渐变纹理图案，弹出"渐变着色器"面板，单击"着色器属性"中的"载入预置"按钮，面板中显示多个渐变预置可供选择，如图9-81所示。

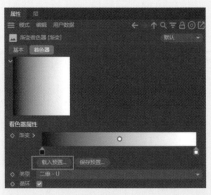

图9-81

04 使用鼠标左键双击上述渐变预置中的"Gradient"，通过调节渐变颜色轨道，将渐变色调整为深蓝至白色渐变，效果如图9-82所示。

图9-82

9.3.3 添加材质

01 选择上述创建完成的金色金属材质球，使用鼠标左键将其拖至场景模型里的舞台及乐器配件模型中，效果如图9-83所示。

图9-83

02 选择上述创建完成的银色金属材质球，使用鼠标左键将其拖至场景模型里的L形转角平面模型中，效果如图9-84所示。

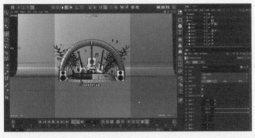

图9-84

03 选择上述创建完成的渐变颜色材质球，使用鼠标左键将其拖至场景模型里的主体乐器模型中，效果如图9-85所示。

图9-85

9.4 为场景添加环境天空和摄像机

01 选择"创建"→"场景"→"天空"命令，创建一个"天空对象"，如图9-86所示。

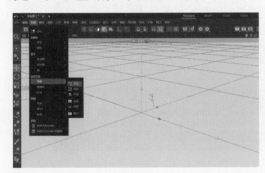

图9-86

02 选择"创建"→"材质"→"+新的默认材质"命令，创建一个材质球，在"基本"选项卡中，仅选中"发光"复选项，如图9-87所示。

图9-87

03 将上述发光材质球添加至"天空"对象中，如图9-88所示，整个场景变亮。

微课：为场景添加环境天空和摄像机

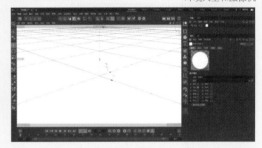

图9-88

04 选择"创建"→"摄像机"→"摄像机"命令，创建一个"摄像机"，选中"摄像机"对象，调整"焦距"为肖像（80毫米），如图9-89所示。

图9-89

05 在透视视图中,将场景模型调整至合适的
位置,单击"摄像机"对象后方按钮■,如
图9-90所示。

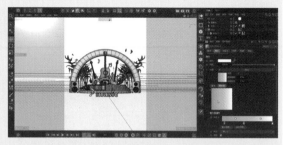

图9-90

9.5 渲染设置

01 单击"编辑渲染设置"按钮,如图9-91
所示。

02 弹出"渲染设置"窗口,修改"输出"
中的宽度和高度分别为90厘米、120厘米,分辨
率调整至300DPI,如图9-92所示。

微课:渲染
设置

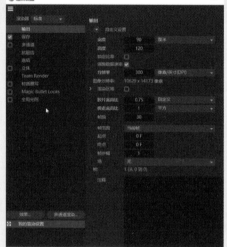

图9-91

图9-92

9.6 后期精修图片

在Cinema 4D中将场景渲染完成后,还需要将本案例场景图片导入到
Photoshop中进行完善调整后以获得最终的效果图。

微课:后期
精修图片

9.6.1 导出图像文件 ▼

01 在"渲染设置"窗口中将"格式"修改为
"JPG"格式,如图9-93所示。

图9-93

02 单击工具栏中"渲染到图像查看器"按钮，在打开的"图像查看器"对话框中单击"另存为"按钮 ↓，打开"保存"对话框，确认格式为"JPG"，单击"确定"按钮进行输出，如图9-94和图9-95所示。

03 系统自动弹出"保存对话"对话框，设置文件名"音乐海报"与保存路径，单击"保存"按钮即可，如图9-96所示。

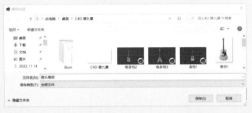

图9-96

04 启动Photoshop，打开上述保存的"音乐海报"文件，如图9-97所示。

图9-94

图9-97

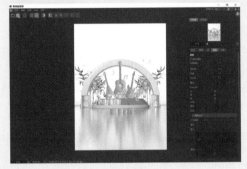

图9-95

9.6.2　添加海报元素 ▽

01 单击"背景"图层解锁为"图层0"，复制"图层0"。同时单击"新建图层"按钮 ⊞，创建一个新的图层："图层2"，如图9-98所示。

02 在图层中选择"图层2"，单击"渐变工具"按钮 ▣，在"渐变色"下拉列表中选择"灰色"渐变颜色中的"深黑色渐变" ▣，选择渐变样式为"菱形渐变" ▣，如图9-99所示。

图9-98

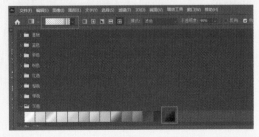

图9-99

1
2
3
4
5
6
7
8
9

03 在图像中心处向右下方拖曳渐变线，"图层2"渐变效果如图9-100所示。

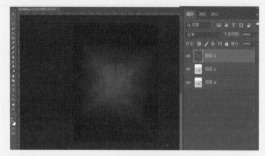

图9-100

04 在图层"类型"下拉列表中选择"叠加"类型，此时图像效果如图9-101所示。

图9-101

05 隐藏"图层0"和"图层2"，利用选区工具选取图层2下半部分反射图像，复制并粘贴到图像上半部分空白处，按快捷键Ctrl+T适当放大所选选区，效果如图9-102所示。

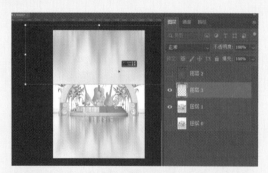

图9-102

06 利用橡皮擦工具 ，适当擦除上述选区覆盖主体画面的部分。打开图层2，最终海报色彩效果如图9-103所示。

图9-103

07 使用"文字"工具 **T** 输入"唱响未来"海报主题标语，字体采用"腾讯体"，字体大小为200点，效果如图9-104所示。

图9-104

08 继续使用"文字"工具 **T** 输入"imagine the future"海报英文标语，字体采用"腾讯体"，字体大小为100点，字体水平间距为100点，效果如图9-105所示。

图9-105

09 复制上述英文标语，选择"滤镜"→"模糊"→"动感模糊"命令，调整模糊距离为2000像素，单击"确定"按钮，设置及效果如图9-106所示。

图9-106

10 继续创建海报辅助说明文字，内容如图9-107所示。

2024 户外音乐节
08.08-08.10
感受音乐的魅力
演出时间: 8:00-22:00 表演嘉宾、演奏地址、演出内容

图9-107

11 调整海报中所有文字的位置，使其保持在图像内居中对齐。音乐节海报最终效果如图9-108所示。

图9-108

9.7　知识与技能梳理

本章主要讲解户外音乐节立体概念海报模型的制作，通过讲述立体概念海报的设计流程、主体乐器的创建、舞台搭建及辅助元素布置的建模应用方法，使读者掌握立体模型在海报设计中的实际运用及后期在Photoshop中的海报文字与画面效果处理的方法和技巧。

▶ 重要工具：样条建模、参数化建模、生成器、金属材质、渐变材质、渲染器。

▶ 核心技术：通过样条对象中的多种样条线类型和样条画笔工具制作复杂模型，调节材质球中的反射参数完成金属材质和渐变颜色材质的创建，海报后期效果的细节处理。

▶ 实际运用：制作户外音乐节立体概念海报模型。

9.8　课后练习

通过本章案例的示范，可以掌握音乐节立体概念海报模型制作的方法和技巧，使用所学知识设计并制作一幅以中国传统节日为主题的立体概念海报，如图9-109所示。

图9-109

241

数字影像处理职业技能等级标准

数字影像处理职业技能等级分为初级、中级、高级，3个级别依次递进，高级别涵盖低级别职业技能要求。

数字影像处理（初级）：能够采集来自不同介质的数字影像，可对数字影像进行管理、备份和安全存储。能对数字影像进行初步校正和修饰，能分离和重组影像内容元素，能增强图像视觉效果，能输出符合不同介质规范要求的图像文档。可面向电商展示、网络媒体、企业宣传、影视动漫、平面设计、界面设计、游戏美术设计等图像处理领域。

数字影像处理（中级）：能够熟练掌握影像处理的技术要领，清晰识别不同商业应用领域的标准要求，熟练应用美学及处理规范，精确把握对象形态，深度处理图像的光感、质感和色感，有效营造图像的影调风格，大幅提升图像的整体观感。可面向广告宣传、时尚媒介、人物写真、电商展示、网络媒体、企业宣传、影视动漫、平面设计、界面设计、游戏美术设计等图像处理领域。

数字影像处理（高级）：能够清晰突出主体调性，精准合成虚拟场景，有效组织创作要素，熟练控制创作过程，全面提升画面的表现力和精致度，并具备处理大型商业项目的综合能力。可面向品牌宣传、数字合成、艺术创作、VR、广告宣传、时尚媒介、人物写真、电商展示、网络媒体、企业宣传、影视动漫、平面设计、界面设计、游戏美术设计等图像处理领域。

本标准主要面向数字艺术设计行业、摄影及平面设计领域的数字影像处理职业岗位，主要完成各类媒体图像处理、企业宣传图像处理、电商宣传图像处理、平面设计图像处理、广告产品图像处理、各类商业人像图像处理、广告合成、游戏场景合成、3D贴图制作、商业图库修图、数字图像修复等工作。

参加数字影像处理职业技能等级水平考核，成绩合格，可核发数字影像处理职业技能等级证书。

登录"良知塾"官网，了解1+X数字影像处理相关课程。

良知塾 1+X 职业技能课程介绍

郑重声明

高等教育出版社依法对本书享有专有出版权。任何未经许可的复制、销售行为均违反《中华人民共和国著作权法》，其行为人将承担相应的民事责任和行政责任；构成犯罪的，将被依法追究刑事责任。为了维护市场秩序，保护读者的合法权益，避免读者误用盗版书造成不良后果，我社将配合行政执法部门和司法机关对违法犯罪的单位和个人进行严厉打击。社会各界人士如发现上述侵权行为，希望及时举报，我社将奖励举报有功人员。

反盗版举报电话　（010）58581999　58582371
反盗版举报邮箱　dd@hep.com.cn
通信地址　北京市西城区德外大街4号
　　　　　高等教育出版社知识产权与法律事务部
邮政编码　100120

读者意见反馈

为收集对教材的意见建议，进一步完善教材编写并做好服务工作，读者可将对本教材的意见建议通过如下渠道反馈至我社。

咨询电话　400-810-0598
反馈邮箱　gjdzfwb@pub.hep.cn
通信地址　北京市朝阳区惠新东街4号富盛大厦1座
　　　　　高等教育出版社总编辑办公室
邮政编码　100029

资源服务提示

授课教师如需获得本书配套的PPT课件、案例素材、习题答案等教学资源，请登录"高等教育出版社产品信息检索系统"（xuanshu.hep.com.cn）搜索下载，首次使用本系统的用户，请先进行注册并完成教师资格认证。